粥羹糊类食品加工技术

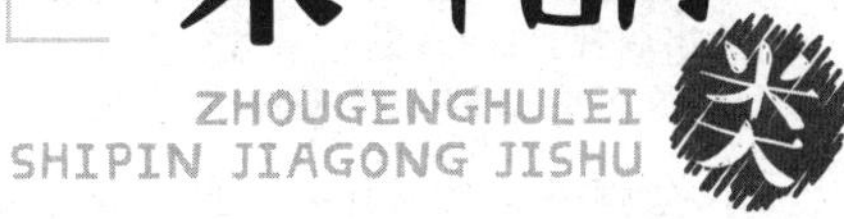

杜连启　主编
郭　朔　副主编

化学工业出版社
·北京·

本书简要介绍了我国粥羹糊类食品生产和发展的概况，重点介绍了以各种谷物、豆类、薯类、果蔬、食用菌，以及各种具有保健功能的食品原料生产各种粥羹糊类食品的生产工艺及操作技术要点。

本书内容丰富，条理清楚，通俗易懂，重点突出，理论和实际相结合，具有实用性和可操作性。本书适合于从事粥羹糊类生产的相关食品生产企业技术人员、食品加工者、有关科研单位的工作人员及有关院校食品专业的师生阅读参考。

图书在版编目（CIP）数据

粥羹糊类食品加工技术/杜连启主编．—北京：化学工业出版社，2017.9

ISBN 978-7-122-30266-3

Ⅰ.①粥…　Ⅱ.①杜…　Ⅲ.①粥-食品加工②羹菜-食品加工　Ⅳ.①TS972.137

中国版本图书馆CIP数据核字（2017）第172645号

责任编辑：张　彦　　　　装帧设计：史利平

责任校对：边　涛

出版发行：化学工业出版社（北京市东城区青年湖南街13号　邮政编码100011）

印　　装：北京云浩印刷有限责任公司

850mm×1168mm　1/32　印张8¾　字数222千字

2017年9月北京第1版第1次印刷

购书咨询：010-64518888（传真：010-64519686）

售后服务：010-64518899

网　　址：http://www.cip.com.cn

凡购买本书，如有缺损质量问题，本社销售中心负责调换。

定　　价：39.00元

本书编写人员

主　　编　杜连启

副 主 编　郭　朔

编写人员　张建才　许　瑞　李香艳　张文秋

　　　　　刘德全　韩连军　杜连启　郭　朔

前言

Preface

粥羹糊类食品是最易被人体消化吸收的食品之一，尤其是粥和羹在我国具有悠久的历史。随着工作效率的提高和生活节奏的加快，饮食的方便快捷成为食品产业的发展方向。20世纪90年代以来，随着餐饮业的不断发展，尤其是人民生活水平和生活质量的提高，人们的健康意识不断增强，对饮食的营养和保健作用更加重视，这样，经营各种各样的粥羹糊就成了餐饮中一个很重要的方面，我国各大城市都有了专业店。特别是近十几年来，随着科学技术的不断发展，我国的粥羹糊类食品已经走出了家庭和餐饮店，作为一类食品进入了食品流通领域，产品种类越来越多，包装越来越精美，食用越来越方便，形成了许多著名的品牌，如粥类中的娃哈哈、银鹭、同福、亲亲、达利园等，糊类中的南方黑芝麻糊、老家磨坊黑芝麻糊、优品康黑芝麻糊及锄禾原味黑芝麻糊等，羹类中的智力红枣莲子羹、国爱堂银耳羹等。

近年来，国外对这类食品也进行了开发，例如欧美一些国家与日本对羹类食品开发生产呈方兴未艾之势，羹类食品已被列入联合国卫生保健行业推荐食品之一。因此，越来越多的国家和厂商争先涉足这一领域，以开发生产多种系列的羹类食品，抢占国际市场。进入21世纪以来，随着科学技术的不断进步，我国科研人员对粥羹糊类食品进行了广泛的研究和开发，在我国传统工艺的基础上，将新的生产工艺、设备和许多新的原料用于这类食品的生产，研究和开发出了很多新的产品，为了合理地利用这些新产品，满足人们生活的需要，极大地促进我国这类食品的发展，我们特编写此书。

本书在编写过程中，参考了有关粥羹糊类方面的技术专著，重点参考了近年来发表在相关杂志上有关各种粥羹糊生产的学术论文，在此向这些专著和论文的作者一并表示衷心的感谢。由于笔者水平有限，书中不足之处在所难免，恳请广大读者批评指正，不胜感激。

编者

2017 年 6 月

Contents

第四章 食用羹类加工技术 141

第一章 粥羹糊概述

第一节 食用粥概述

粥，古代称糜、酏，用谷米类为主要原料加水熬煮而成，俗称稀饭，亦称多水之食，是我国人民日常餐桌上的食物之一。在当今，粥也是各档次筵席中不可缺少的一类食肴，喝粥已成为我国广大群众饮食的习惯。

如果利用适量的谷物和药物一同熬煮，再加入一定量的调味料，即为具有一定食疗作用的药粥，它是一种兼有药物功效和食品营养的特殊膳食，也就是常常提到的药食同源食品，深受广大人民的喜爱。

粥有两种类型，一种是单纯用米煮的粥，另一种是用中药和米煮的粥。这两种都是营养粥，后者因为加进中药，所以又叫药粥。

一、粥文化的发展历史

粥在我国具有悠久的历史，具体的出现时间已无从考证。但即便以有记载的黄帝“烹谷为粥”开始算起，距今也已有6000～7000年的历史。我国是世界文明古国，也是世界美食大国，在我国几千年的美食史中，粥的踪影代代相传，伴随至今。但是古时的粥和今天的粥稍有不同，古时粥用米熬成，稠的叫干，稀的才叫粥。

从历史发展的角度来看，粥在我国饮食中具有极其重要的地位。自黄帝发明“烹谷为粥”以来，便同人们的日常生活结下不解之缘。古代居丧有食粥的礼俗，荒年济贫民也多用粥。如《礼记·问丧》记载有“亲始死，三日不举火，故邻里为之糜粥以饮食之”，宋张耒《粥记》记载“每晨起，食粥一大碗，空腹胃虚，谷气便作，所补不细，又极柔腻，与肠胃相得，最为饮食之妙诀”。粥还曾经是民间互相馈赠的礼品，在宋代就有“今朝佛粥更相馈”的诗句。可以说，粥是伴随我们生活中一年四季不可缺少的食品。

单从每年腊月初八喝的“腊八粥”，就知道粥在我们生活中所占的地位。每年农历腊月，民间最为重大的第一个节日当属“腊八节”。佛教的“仪俗”，初八之夜是释迦牟尼佛祖彻悟“众生平等”，忽然得道的时日。为了纪念释迦牟尼的憬然彻悟和俨然得道，佛门之中及佛教弟子便煮熬了大量的腊八粥，无限制地布施众生，这就是腊八粥的由来。正如吴自牧著《梦粱录》言：“十二月八日，寺院谓之腊八，各寺俱设五味粥，名曰腊八粥，亦名佛粥”。宋代的《东京梦花录》已有都城各家以果子杂粮煮腊八粥的记载。至清代，无论宫中、民间，喝腊八粥的风气更为盛行，合家聚食，馈送相尚，花样争奇竞巧，品种繁多。但以北京最为讲究，红枣、白果、莲子、桂圆、薏苡仁、胡桃、栗子、桃仁、杏仁……米中所加不下20余种。时至今日，古都北京仍崇尚喝腊八粥的习俗。每年只要进入腊月，糕点店、粮店、超市便摆满品种繁多、琳琅满目的腊八粥材料，专供人们选择。随着人们健康意识的增强和科技的不断发展，今天各式各样的腊八粥、随时可方便食用的腊八粥变成日常的食品，如亲亲八宝粥之类的食品，就是当年“腊八粥”的演绎，有关各种八宝粥的生产在本书中有比较详细的介绍。当然，伴随时代的变革，喝腊八粥已不只是为纪念佛祖，而是人们“怀古”与“食疗”的良好结合。

提到粥很自然就会想到各种各样的药粥，它是在粥的基础上发展而来的。由于药粥实际上是药食同源食品，具有养生、保健、防病治病的作用，在我国粥的发展历史中，有关药粥的记载较多且较系统，下面对此进行简要介绍。

粥与药结合——药粥，用于防治疾病的文献较多，湖南长沙马王堆汉墓出土的《五十二病方》中记载，服用青果米粥治疗蛇伤，用米、胶熬粥治疗痢病，利用加热的石头煮米汁内服治疗肛门痒痛。《史记·扁仓公列传》载有西汉名医淳于意（仓公）用“火齐粥”治齐王病的案例。汉代医圣张仲景于用药治病之外也很重视粥的运用。如《伤寒论》中，桂枝汤“服之须臾，啜热稀粥一升余，以助药力”，《金匮要略》用栝楼桂枝汤治痉，“微取汗，汗不出，食倾啜热粥发”，是用粥以发汗者。这里应该重点说明的是秦汉时期成书的医药经典著作《黄帝内经》，书中提到的“药以祛之，食之随之”“谷肉果茶，食养尽之”，这种以药治病、以食扶正的精辟论述，为药粥食疗方法的发展打下了坚实的理论基础。

到晋唐时代，食疗著作不断出现。东晋张湛撰的《养生要集》、晋葛洪著的《肘后备急方》、隋朝巢元方等著的《诸病源候论》，以及唐代王寿编撰的《外台秘要》都记载了一些药粥的方剂，如常山粥、鸭粥、大麦粥等。唐代孙思邈的《千金方》《千金翼方》中专列有“食治”的章节，收集了民间用谷皮糠粥防治脚气病、羊骨粥温补阳气、防风粥“去四肢风”等药粥方。近代在甘肃敦煌石窟中发现的唐代孟诜所著的《食疗本草》残卷中载有茗粥、柿粥、秦椒粥、蜀椒粥四方。昝殷撰写的《食医心鉴》是我国早期营养学专著，该书对57种药粥的组成、用量、制法等进行了详细介绍，为药粥的进一步发展奠定了基础。另外，五代南唐陈士良的《食性本草》也注意收藏了较多当时药粥治疗的经验。

宋元时代时，药粥已经有了很大的发展，出现不少食疗药膳方，经临床实践验证，具有确定的疗效。如宋元丰年间陈直的《寿亲养老新书》，书中所列粥方，十分详尽精当，如马齿苋拌葱豉粥方、乌鸡肝粥方、苍耳子粥方、栀子粥方、鸡头实粥方、蔓青粥方、莲实粥方、竹叶粥方、鲫鱼粥方、薤白粥方、黍米粥方等，有50种之多，占全书所列食治药方的25%左右，宋代官方编纂的《太平圣惠方》和《圣济总录》中更加广泛收集前代的药粥和民间验方，内容十分丰富。在这一时期问世的《养老奉亲书》是我国现存最早的一部中医老年病学的专著，书中收集了适合老年人养生延年补养粥方，为药粥疗法在老年医学领域中的应用开拓了先河。

元代宫廷饮膳太医忽思慧编撰的《饮膳正要》中也有不少防治疾病的药粥方，如枸杞羊肾粥、山药粥等。李东垣编写的《食疗本草》中记载了28个最常用的药粥方，如绿豆粥、茯苓粥、麻仁粥、竹叶汤粥等。吴瑞编的《日用本草》也是一部有价值的食疗著作。金元四大家之一的张从正著的《儒门事亲》对中医养生和食疗有许多重要的论述和发挥，并具体记载了一系列养生和治病的食疗方法。这些医学著作为后人进行食疗提供了宝贵的资料。

明清时对药粥的研究更为丰富，出现不少粥谱著作，如《普剂方》共收集药粥180方，并对每种粥都作了全面而详细的论述，是对药粥记载较多的书。明代著名的医学家李时珍的药物学巨著《本草纲目》中收集了药粥62方，列举了小麦粥、寒食粥、糯米粥、秫米粥、粳米粥、籼米粥、粟米粥以及可以常食的粥方。明代高濂所撰写的《遵生八笺》，专列《饮撰服食笺》粥糜类列35种，是一部以中医养生保健为主的专著。可见在此时期用药粥防病治病已十分普遍。

到清朝特别是晚清时期，对各种食疗方剂、药物和食物性味功用的研究有了很大的发展，出现了系统总结药粥疗法理论与实际的专著，如曹慈山的《老老恒言》(选列100个药粥方)、王孟英所著的《随息居饮食谱》以及黄云鹄编的《粥谱》，后者是古时记载粥谱最多的书，共有粥谱247个，并将粥以谷类、蔬菜类、水果类、动物类、植药类、卉药类等进行分类，对原料、制法、效用都进行论述，是广为流传的粥谱书。

可以看出，我国药粥疗法的历史发展轨迹，即奠基于秦汉、发展于晋唐、兴盛于宋元，成熟于晚清。据初步统计从汉代到清末共有300多部有关中医食疗著作，记载有500余种粥方，这是十分珍贵的财富，对人类健康的贡献具有重大的意义。

到了近代，由于多种因素的影响，药粥未能广泛应用于临床，但一些老中医仍能古粥新用，收效颇著。如已故近代名医张锡纯创制的“朱玉二宝粥”“三宝粥”“薯蓣半夏粥”“薯蓣鸡子黄粥”等；现代已故名中医蒲辅周应用民间治疗疯犬咬中毒的“芫花根皮粥”；老中医岳美中自拟的复方黄芪粥；中医研究院沈仲圭治疗感冒风寒暑湿头痛的“神仙粥”等。

纵观我国几千年的粥文化，食粥不但可以调节胃口，增进食欲，补充身体需要的水分，而且可以辅助治疗各种疾病，保健养生，使人延年益寿，所以粥不但古人爱吃，今人更爱喝。而且我国不论南方人、北方人都喜欢喝粥，粥在许多地方已成为居民的主食。

20 世纪 90 年代以来，随着餐饮业的不断发展，尤其是人民生活水平和生活质量的提高，人们健康意识不断增强，对饮食的营养和保健作用更加重视，这样，经营各种各样的粥就成了餐饮中一个很重要的方面，并成为许多饭店的特色和主要品种。我国各大城市都有了专业的粥店、粥吧，其中粥与菜花样繁复、美味养眼。特别是近十几年来，随着科学技术的不断发展，我国的粥已经走出了家庭和餐饮店，作为一类食品进入了食品流通领域，产品种类越来越多，包装越来越精美，食用越来越方便，形成了许多著名的品牌，如娃哈哈、银鹭、同福、亲亲、达利园等。2010 年成立了中国粥品研究院，同年 11 月由中国政策网、安徽芜湖市人民政府主办，安徽省繁昌县人民政府和安徽同福食品有限责任公司承办的首届中国粥文化高峰论坛召开，论坛以“自主创新，打造健康营养好食品；转型跨越，开辟粥品王国新领域”为主题，旨在弘扬中华粥文化，研讨行业发展趋势，促进粥品产业持续快速发展，着力打造一个有全国性影响力的品牌论坛和引领中国粥文化发展的理论阵地。论坛期间，由同福食品公司策划筹建的“中国粥文化博物馆”开馆，与会人员就行业发展趋势等进行了深入研讨。随着我国的改革开放和加入 WTO，我国的药粥逐渐国际化，药粥产品的商品化、工业化发展，越来越加深了外国宾客对药粥的了解和认识。在欧美一些发达国家，很多追求长寿的人也来学习、自制一些药粥服食。当今就有不少外国人经常买些中药，如枸杞、薏苡仁、山药、何首乌、肉桂等十来种，配合在一起，同米煮粥吃，以求滋养身体，益寿延年。在日本、东南亚各国，开设了很多药膳厅和粥店，供应多种花色的粥品，使中国药粥在国际社会中大放光彩，为人类的健康服务。由此可见，我国食用粥的发展进入了一个新的发展时期，具有广阔的发展前景。

二、粥的种类

粥膳养生的历史悠远，其花样在不断翻新，种类也逐渐增多，古时的粥与今天的粥分类有所不同，古代根据饮食的不同原因和目的，将粥分为三类：农贫粥、赈灾粥和养生粥。在当今食粥已不再具有上述原因，而逐渐演变为人们调节饮食结构的一种风味食品，粥的制作技艺日益精湛。现在粥的品种较多，口味各异。如果粗略划分，粥有两种类型，一种是单纯用米煮的粥，另一种是用中药和米煮的粥。这两种都是营养粥，后者因为加进中药，所以又叫药粥。按其性质和用途可分为家常粥、风味粥和药粥三大类。家常粥为日常生活中食用的粥，如米面粥、豆谷粥等；风味粥有果品粥、蔬菜粥、畜肉粥、禽蛋粥、水产粥等；药粥作为食疗保健之用，有美容美体粥、益寿延年粥、中老年常见病调养粥、妇女保健粥、儿童保健粥等。

根据制作时所需的原料不同，可将粥分为白粥、食品粥、食疗药粥三大类。白粥是指将米加水直接熬煮、没有加任何调味料的粥，其多以五谷杂粮为主要原料，如粳米、糯米、小米、绿豆、黑米、小麦、燕麦等；食品粥是指蔬菜、水果、肉禽、水产等与五谷杂粮一起熬制而成的粥，其是在白粥的基础上发展而来；食疗药粥是指将中药与五谷杂粮熬制而成的粥，其中还可加入各类蔬菜水果、鱼肉蛋禽等食材。

三、粥的特点

从总体上来讲，我国粥的特点概括起来主要有以下几个特点。

① 粥的品种繁多，口味多样。各种食物原料，无论是鱼、蛋还是果蔬，均可与谷物同煮，做出各种各样、味道各异的粥品来，可满足人们不同口味的需要。

② 粥的营养丰富，容易消化吸收。它是把各种原料所含有的各种营养成分充分地溶于其中，且为半流质。易于胃肠消化吸收，尤其适合病人、婴儿和年老体弱者食用。

③ 粥的制作过程简便，易操作，省事省力。

④ 药粥是以我国中医理论为基础，药食结合，相辅相成，注重后天脾胃，治养一体，具有剂型简便、安全有效等特点。

四、粥的养生功效

1. 增强体质、增强抗病能力

在制作粥膳时所用的原料不同，粥品的功效也会有所区别，但总体上而言，粥是一种温和的调理性食物，它能保证主食的多样化，使营养被摄入得更平衡，增强了体质，保证了人体的健康。由于粥中含有丰富的膳食纤维，它能提高吞噬细胞的活动，增强人体免疫功能，增强抗病能力。增加膳食纤维的摄入是避免高蛋白质、高脂肪、高热量此“三高”饮食结构，预防肥胖病、糖尿病、高血压病、冠心病、高脂血症、肿癌等病的重要举措。

2. 滋补养生、美容美颜

人们若想滋补养生，可以经常食用粥膳，特别是中老年人、儿童、孕产妇以及体弱多病者，更需要通过日常生活的膳食来调养身体。当然人们可以通过自身的年龄特点、体质特征以及身体各个器官的具体状况来进行粥膳调理与养生，从而达到保健的目的。

由于粥的营养丰富，通过食疗可以滋润皮肤，令皮肤光泽有弹性，还可以延缓细胞老化，使皮肤光滑，淡化色斑，改善湿疹、皮肤溃疡等问题。

3. 解毒防癌

粥膳中杂粮所含的膳食纤维能促进胃肠蠕动，这样就缩短了食物在肠道内分解产生的酚、氨等及细菌、黄曲霉毒素、亚硝胺、多环芳烃等致癌物质在肠道中的停留时间，减少肠道对毒物的吸收。另外，膳食纤维能吸水膨胀，使肠内容物体积增大，从而对毒物起到稀释作用，减少毒物对肠道的影响。膳食纤维还可与致癌物质结合，形成无毒物排出体外，因此具有良好的解毒防癌作用。

4. 通便

现代人饮食精致又缺乏运动，多有便秘症状，利用杂粮熬制的粥膳中含有丰富的膳食纤维，当膳食纤维吸水膨胀后，会令肠内容物体积增大，使大便变软变松，并且能促进肠道蠕动，缩短肠内容物通过肠道的时间，能够起到润便、治便秘和治痔疮的作用。

5. 减肥瘦身

人体内的脂肪堆积过多就会使人肥胖，不仅影响美观，严重时还可能危害到身体健康，引发肥胖症、糖尿病、高血压病、心脏病等疾病。中医认为，这些病症跟人的饮食、情志、劳逸、体质等因素有关。因为当富含膳食纤维的粥膳进入胃肠后，便会延缓、限制部分糖和脂肪的吸收，从而减少能量的摄入，有助于减肥瘦身。所以，为了保持苗条身材，除了适当地锻炼身体，还可以合理安排每日的膳食，食用适当的养生粥膳，从饮食方面进行调理。

6. 有利于糖尿病患者

许多研究表明，用粗粮熬粥有助于糖尿病患者控制血糖。目前国外一些糖尿病膳食指导组织已建议糖尿病病人尽量选择食用粗粮及杂豆类熬制的粥，将它们作为主食或主食的一部分食用，能明显缓解糖尿病病人餐后高血糖状态，减少人体24h内的血糖波动，降低空腹血糖，减少胰岛素分泌，利于糖尿病病人的血糖控制。

7. 抗饥饿

粥膳是对抗饥饿最重要的武器。当粥膳经过胃和肠道后，会使胃和肠道扩张，产生饱腹感，机体就会发出已经饱了的信号，从而抑制再吃食物的欲望。这有助于糖尿病和肥胖病人控制饮食。

8. 其他方面

天冷时，清晨喝一碗热粥，可以帮助保暖，增强身体御寒能力，防止受寒感冒；对于喉咙不适、发炎疼痛的人来说，温热的粥汁既能滋润喉咙，又能有效缓解不适感；胃肠功能较弱或胃溃疡的患者，通过喝稀粥可以调养胃肠；有些女性朋友的头发非常干燥、枯黄，而且容易脱发掉发，此时可食用用芝麻、核桃等干果制作的粥膳，可以起到养护头发的作用。

第二节 食用羹概述

羹，汉族传统食物，指五味调和的浓汤，流行于全国大部分地区。是用煮或蒸的方法做成的糊状、冻状食物，它和汤的区别在于羹多勾芡，而汤不勾芡。

在我国西周时期汤称为羹，羹字是由羔和美组成，羔是指小羊，美是指大羊，所以羹主要是用肉制作而成。王力先生在《古代汉语》（第四册）中指出："上古时代的一种肉食。牛肉、羊肉、猪肉都可以做羹。"他明确指出古代有五味羹，有不加菜的羹，有不加任何调味的羹，还有菜羹，是穷人吃的。同时还提出"上古的羹，一般是带汁的肉，而不是汤"。后来又有蔬菜等做羹，羹也成为普通汤菜之统称。

一、羹的发展历史

早在西周时期，随着饮食烹调技艺的进步，做羹的方法和所用原料也随之增多，羹成为人们日常佐餐下饭的大众菜肴。据《周礼·天官·烹人》记载，最早的羹谓"三羹"，即"大羹""和羹""硎羹"。"大羹"为不调入酸、苦、甘、辛、咸的无味的肉汤；"和羹"为用不同调味品烹制的汤；"硎羹"则为用五味调和白菜汤后盛装硎器中。《左传·隐公元年》："郑庄公赐之食。食舍肉。公问之，对曰：'小人有母，皆尝小人之食矣，未尝君之羹，请以遗之。'"颍考叔舍肉，为母请遗羹，这里"羹"的主要成分即肉块。《春秋左传正义》："大羹不致，大羹，肉汁。不致五味。"表明，羹是带有汁的肉块。《礼记·内则》："犬羹、兔羹，和糁不蓼。"郑玄注："凡羹齐宜五味之和，米屑之糁。"《说文·米部》："古文糂作糁，以米和羹也"。《礼记·丧大记》："不能食粥，羹之以菜可也；有疾，食肉饮酒可也。"说明羹里面可以有菜。这说明在当时制作羹的主要食材为肉类，辅之以蔬菜及米等，兼带有汁或成糊状。

在南北朝时期，羹作为一种菜肴，已发展成有多种制作方法或由多种制作原料制成的菜肴，而且在食用时还讲究和主食进行搭配，如肉羹、鸡羹搭配麦饭，犬羹、兔羹搭配稻米饭，另外也有肉羹与蔬菜搭配的。北魏贾思勰著的《齐民要术》中有"羹臛法"专篇，详细介绍了肉羹、鱼羹、菜羹等 29 种羹品的名称、用料和烹制方法。以后每代都创制羹类数十新品，长盛不衰，如唐代的不乃羹、十远羹、双荤羹。

到了宋朝，羹得到迅速的发展，跻身于名肴佳馔之列，名目繁多的羹已有 60 多种，如东坡羹、宋嫂鱼羹、金玉羹等。在元朝有荤素羹、团鱼羹、螃蟹羹、海蜇羹等名羹。在明清时期，无论是一般老百姓的日常饮食，还是名肴大全都有羹汤在列其中，比较有名的有虾肉豆腐羹、絮腥羹等。到了清朝更臻极盛，仅无名氏《调鼎集》中就有二三十种名羹。此时羹已不再是主食，而逐渐演化为使用各类食材烹制的菜品或餐点，这充分说明羹得到了进一步的发展。

"羹"发展到现代，其礼制色彩、主食地位已经完全消失，已经走出了家庭和餐饮店，产品的种类越来越多，包装越来越精美，食用越来越方便，作为一类食品进入了食品流通领域，成为人们的休闲甜品或补品。由于羹类食品是最易被人体消化吸收的食品之一，近年来，欧美一些国家与日本对羹类食品的开发生产呈方兴未艾之势，但我国的食品行业在这一领域发展相对较慢。羹类食品已被列入联合国卫生保健行业推荐食品之一，因此，越来越多的国家和厂商争先涉足这一领域，以开发生产多种系列的羹类食品，抢占国际市场。羹类食品项目投资少、效益好，有关食品厂家只要对现有设备予以必要的改造更新，便可生产。针对国际市场需求可供开发的羹类食品有蔬菜系列——芦笋羹、土豆羹、辣椒羹、菜花羹、白菜羹、无臭大蒜羹、芹菜羹、菠菜羹、茄子羹等；粮食系列——玉米羹、大麦羹、麦芽羹、小米羹、麦片羹等；荤食系列——羊肉羹、鸡羹、猪蹄羹、牛肉羹等；野味系列——野鸡羹、蛇羹、鸽子羹、麝狸羹、海狸羹等；昆虫系列——蚂蚁羹、蝎子羹、蜘蛛羹、蝉羹等。

二、现代羹的加工原理

现代羹类产品的加工都是利用一些亲水性胶体，具有在一定条件下由溶胶状态转变为凝胶状态的特性。

形成凝胶这种特性的原理主要是胶体从溶胶状态变为凝胶状态时，胶团与胶团结合成许多长链，长链相互交错无定向地组成空间网络结构。这种网络结构就构成了凝胶的极复杂的骨架。由于在网络交界处形成很多空隙，并吸附了很多分子，因此就形成了一块柔软的、膨大的胶冻。如果在形成凝胶的同时加入浓度较高的糖浆或其他可溶性固形物，则糖和水分子可以均匀紧密地填满凝胶中错综复杂的网络空隙处，形成一种非常稳定的含糖或其他可溶性固形物的凝胶，它在一定的压力下也不会变形断裂。

各种胶体形成凝胶的条件是不同的，与胶体的品质、原材料的纯度、溶液的 pH 值、糖浆或可溶性固形物的浓度、冷却的温度和速度，以及加工程序的先后与合理性等都有关。

三、羹的古代义项特点和现代特征

有关古代羹的义项特点和现代特征，山东大学威海分校朱红玉对其进行了归纳总结。

1. 古代羹的义项特点

①“羹”的主要食材为肉类，辅之以蔬菜及米等；兼带有汁或成糊状。由于地位和生活条件的限制，古代羹最好的主要材料为肉块，其次是菜类或米屑。

②“羹”在古代地位较高，与“饭”一道被视为一种主食。在我国古代由于食材较少，主要有带汁的肉羹、菜羹或肉菜五谷相杂的羹类，在人们的饮食上与饭食类一起成为了主食。

③“羹”地位高的另一个表现是，它与古代的礼制密切相关。

④ 烹饪方法主要是烹煮。

2. 现代羹的特征

现代羹的特征主要体现在以下几个方面。

① 现代羹品可以分为咸、甜两种口味，甜羹品的材料主要有玉米、银耳、水果、干果等；咸羹品的材料主要是畜禽肉、鱼肉、蔬菜等。羹品取材广泛，都是人们日常生活实际可取的食材。

② 羹品的状态一般为黏稠状或糊状。无论是甜羹品还是咸羹品，在其烹饪过程中都尽量保证食材呈小粒状或搅拌成糊状，为保证其黏稠度还会加入淀粉类辅料进行勾芡。制作方法以煮为主，亦可蒸。

③ 羹品和汤品在现代区别不明显，但仍有差异。对于呈稀糊状或黏稠状的食物，可以称之为“羹”，也可以称之为“汤”，如“银耳莲子羹”与“银耳莲子汤”；对于食材不明显、成糊状或较黏稠状的食物，人们一般称其为“羹”；对于食材成大块状且主要是取其炖汁精华的，一般称其为“汤”。

四、制羹的注意事项

在羹的制作过程中有以下需要注意的事项。

① 原料的搭配要科学合理，做到营养互补，色彩协调。

② 原料在经刀工处理时，要大小一致，不能过大。

③ 制羹时间的长短，可根据原料的性质来确定。

④ 羹的汤汁中不能含有太多的油。因为油太多会影响勾芡的效果和口感，有的羹不需要加入油。

⑤ 制羹的火候要根据原料性质来决定，不易熟的原料要用小火，时间可稍长一些，软嫩爽脆的原料则要用大火快速加热，否则会影响羹的色泽和口感。

第三节 食用糊概述

糊，像稠粥一样的食物，食用糊也有的称为泥糊食品。它是一类不需咀嚼即可吞咽的，主要用作辅助食品，适于多种特殊需求人群食用的细腻泥糊状食品。

一、生产概况

泥糊食品在西方国家的生产应用已逾 80 年，因其质地细腻、柔滑，营养合理全面，极易消化吸收，故主要用于婴幼儿的哺育以及老弱人群和需要半流质食品的病患人群的营养补充。在美国，已有 95%以上婴幼儿在使用泥糊食品哺育，被喻为儿童生长中的“二级火箭”，年均消费量已超过 10 亿元人民币；在日本，泥糊食品更成为预防小儿佝偻病、营养性贫血，老龄人骨质疏松症的日常营养补充（辅助）食品；在丹麦、瑞典、德国、东南亚等国家和地区，泥糊食品也得到了广泛应用。此外，泥糊食品还被广泛用作其他类型食品的营养添加剂，例如肉泥夹心面条、果泥冰激凌、骨泥面包、菜泥饼干等，使泥糊产品的应用市场更为广阔。

泥糊食品的主要原料为各种天然农副产品，既可是食用性好的精细粮、果蔬、肉、蛋、奶、油脂等，也可是低价值的、食用性差但富含营养的粗杂粮、海藻、骨骼、内脏、血、皮、筋腱等；还可配合使用一些“医食同源”中药材，例如鸡内金、淮山药等。根据不同人群生理、病理普遍特点，充分发挥各种原料营养优势，互补短长，合理配方，可以形成一系列或营养全面均衡，或营养强化补充的混合泥糊食品，例如以补钙、补铁为主的血骨泥，以补充强化维生素的各色蔬菜泥等，可完全满足不同月龄、年龄段人群，不同生理、病理状态人群的普遍需要。

现在，我国人口已超过13亿，婴儿、70岁以上的老龄人、孕产妇、胃溃疡患者、贫血、缺钙等人群数量也相当庞大，但是国内现有食物结构、食品种类中仍缺少适合这些特殊人群消费的泥糊食品。随着人们生活水平的提高，对营养科学认识的深入，我国人民对泥糊食品的需求正日益迫切，因此开发生产符合我国国情、适合我国人体质需求，并能实现农副产品较大增值的泥糊食品，将有积极的社会意义和经济意义。

二、我国食用糊的加工工艺

1. 食用糊的加工工艺总体流程

该加工工艺流程总图适于各类混合泥糊食品的加工。

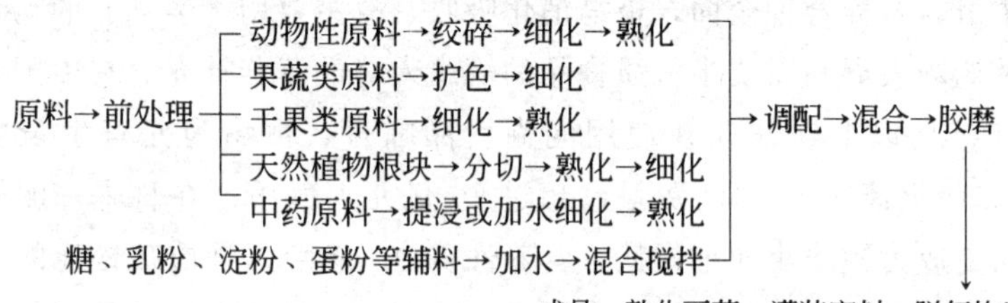

2. 加工工艺

我国对泥糊食品的开发研究始于20世纪80年代，研究内容以鲜骨的利用为主，并形成了以下三种加工工艺。

（1）冷冻法　将鲜骨在－35～－25℃下充分冷冻脆化，在低温下反复破碎细化。

（2）高温法　将鲜骨经高温（高压）蒸煮后，或脱除油脂、肌肉等，烘干后破碎细化，或直接破碎细化。

（3）化学法　通过化学法将鲜骨水解成泥糊状。

三、我国食用糊加工需要解决的问题

泥糊食品加工要求高，既要求具有良好的细度，又要求最大限度保留原料的自然营养和风味，还要求在不添加任何化学合成制剂（包括防腐剂、抗氧化剂、色素等）的情况下使产品的卫生、安全质量以及食用感官质量达到最优。但化学法给产品引入了外来化学制剂污染，产品安全性降低，而且生产成本偏高；高温法严重破坏了原料所含的营养成分和风味，降低了产品的食用价值；冷冻法对原料要求苛刻，而且产品粒径粗，保鲜质量差，生产成本也偏高，不利于在国内市场推广。所以，传统加工工艺无法满足泥糊食品的加工需要。若要实现泥糊食品的工业化生产，在生产过程中仍需解决以下问题。

① 针对不同种类原料，例如蔬菜、水产品、谷物、家禽产品等，应采用何种纯物理加工方法，才能使不同原料都得到充分细化，而且能最大限度保留原料原有营养成分和天然风味。

② 采用何种灭菌方法才能既不破坏产品的营养和风味，又使产品的卫生质量达到最优，确保产品具有良好保存期。

③ 如何降低生产成本，使产品价位适应国内市场消费水平，使泥糊食品真正成为老百姓的日常健康食品。

④ 确定适合我国工业化生产食用糊的各种生产设备，特别是生产的关键设备如粉碎设备、杀菌设备和灌装设备等，以满足我国食用糊生产的需要。

第二章

生产原料

生产食用粥、食用羹、食用糊的原料有很多种，包括主要原料、辅料、食品添加剂等，这里主要介绍生产用的主要原料——谷物类、薯类、豆类、油料类、果蔬类等。

第一节 谷物类

一、玉米

玉米亦称玉蜀黍、包谷、苞米、棒子，是一年生禾本科草本植物。玉米是当今世界最重要的三大粮食作物之一，是重要的粮食作物和重要的饲料来源，单位面积产量位居第一。玉米素有长寿食品的美称，含有丰富的蛋白质、脂肪、维生素、微量元素、纤维素及多糖等（表 2-1），具有开发高营养、高生物学功能食品的巨大潜力，目前人类对玉米的加工利用程度远远超过了水稻和小麦。

表 2-1　玉米的化学成分　　单位：%

成分	范围	平均值	成分	范围	平均值
水分	7～23	15	灰分	1.1～3.9	1.3
淀粉	64～78	70	纤维素	1.8～3.5	2～2.8
蛋白质	8～14	9.5～10	半纤维素		5～6
脂肪	3.1～5.7	4.4～4.7	糖分	1.5～3.7	2.5

根据国家标准可分为黄玉米、白玉米和混合玉米；根据粒形、硬度及用途可分为普通玉米和特种玉米。普通玉米主要包括马齿型、硬粒型、中间型、硬偏马型和马偏硬型；特种玉米是指具有特殊用途的各种玉米的总称，常用的有高赖氨酸玉米、高直链玉米、高油玉米、甜玉米、爆裂玉米、糯玉米、笋用玉米和黑玉米。

二、高粱

高粱，也叫蜀黍、芦粟、秫秫、茭子等，禾本科、高粱属一年生草本植物，是我国北方的主要粮食作物之一。由于它具有抗旱、耐涝、耐盐碱、适应性强、光合效能高及生产潜力大等特点，所以，又是春旱秋涝和盐碱地区的高产稳产作物。

按性状及用途可分为食用高粱、糖用高粱、帚用高粱等类。我国栽培较广，以东北各地为最多。食用高粱谷粒供食用、酿酒。糖用高粱的秆可制糖浆或生食；帚用高粱的穗可制笤帚或炊帚；嫩叶阴干青贮或晒干后可作饲料；颖果能入药，能燥湿祛痰、宁心安神。属于经济作物。

高粱子粒含有比较丰富的营养物质，每 100g 高粱含蛋白质 8.2g、脂肪 2.2g、碳水化合物 77g、热量 1509kJ、钙 17mg、磷 230mg、铁 5.0mg、维生素 B_1 0.14mg，维生素 B_2 0.07mg、烟酸 0.6mg。高粱以膳食纤维、高铁等的营养特点而著称，尚具有令人愉悦的天然红棕色和特有的风味。近年来，随着高产优质品种的育成，高粱的应用价值又逐步提高，其子粒除食用、饲用外，还是制造淀粉、酿酒和酒精的重要原料。

三、大米

稻属于禾本科、稻属的一年生草本植物，栽培稻起源于野生稻。稻谷的品种繁多，根据稻谷的子粒形态和米质（胚乳）特性可分为籼稻和粳稻；根据稻谷淀粉性质可以分为糯稻米和非糯稻米；根据其生长期的长短和收获季节的不同，又可分为早稻和晚稻；根据生长习性可以分为水稻和旱稻；根据稻谷米的颜色和香气可以分为特种稻米和普通稻米。

稻谷由颖（稻壳）和颖果（糙米）两部分组成，颖果（糙米）由皮层、胚和胚乳三部分组成。利用机械碾磨的方法去除糙米的皮层、胚乳的糊粉层和胚后即是稻米，又称大米，它由胚乳组成，主要成分是淀粉，是提供热量的主要来源。被剥除的皮层和胚乳的糊粉层，称为米糠层。米糠和米胚含有丰富的蛋白质、脂肪、膳食纤维、B族维生素和矿物质，营养价值很高（表2-2）。稻谷加工过程中，随着皮层的不断剥离，碾米的精度提高，从营养角度看，大米的精度越高，淀粉的含量相对较高，纤维素含量减少，但某些营养成分如脂肪、矿物质及维生素的损失越多。从食用角度来看，精度高的米口感细腻。

表2-2 普通稻米的营养价值（100g）

食物名称	蛋白质/g	脂肪/g	碳水化合物/g	膳食纤维/g	维生素B_1/mg	维生素B_2/mg	钙/mg	铁/mg
稻米	7.4	0.8	77.9	0.7	0.11	0.05	13	2.3
粳米(标一)	7.7	0.6	77.4	0.6	0.16	0.08	11	1.1
粳米(标二)	8.0	0.6	77.7	0.4	0.22	0.05	3	0.4
粳米(标三)	7.2	0.8	77.6	0.4	0.33	0.03	5	0.7
粳米(标四)	7.5	0.7	78.1	0.7	0.14	0.05	4	0.7
粳米(特等)	7.3	0.4	75.7	0.4	0.08	0.04	24	0.9
籼米(标一)	7.7	0.7	77.9	0.6	0.15	0.06	7	1.3
籼米(标准)	7.9	0.6	78.3	0.8	0.09	0.04	12	1.6
籼米(优标)	8.3	1.0	77.3	0.5	0.13	0.02	8	0.5
早籼	9.9	2.2	76.3	1.4	0.14	0.05	13	5.1
早籼(标一)	8.8	1.0	76.3	0.4	0.16	0.05	10	1.2

续表

食物名称	蛋白质/g	脂肪/g	碳水化合物/g	膳食纤维/g	维生素B_1/mg	维生素B_2/mg	钙/mg	铁/mg
早籼(标二)	9.5	1.0	77.2	0.5	0.20	0.09	6	1.0
早籼(特等)	9.1	0.6	75.1	0.7	0.13	0.03	6	0.9
晚籼(标一)	7.9	0.7	76.7	0.5	0.17	0.05	9	1.2
晚籼(标二)	8.6	0.8	75.7	0.4	0.18	0.06	6	2.8
晚籼(特等)	8.1	0.3	76.9	0.2	0.09	0.10	6	0.7
籼稻谷(红)	7.0	2.0	76.4	2.0	0.15	0.03	—	5.5

四、小米

谷子原名粟，也称作粱、狗尾草、黄粟、粟米，禾本科狗尾草属一年生草本，须根粗大，秆粗壮，是我国北方干旱、半干旱地区的重要粮食作物之一。小米是谷子去壳后的产品，是我国北方谷区人民一种主要的粮食。小米的营养价值很高，含丰富的蛋白质、脂肪和维生素（表2-3），它不仅供食用，入药有清热、清渴、滋阴、补脾肾和胃肠、利小便、治水泻等功效，又可酿酒。研究小米的营

表2-3 小米与几种谷物营养含量、热能比较

谷物	蛋白质/g	脂肪/g	碳水化合物/g	矿物质/(mg/100g)							维生素/(mg/100g)			热量/kJ
				钙	磷	铁	锌	镁	铜	硒	维生素B_1	维生素B_2	维生素PP	
小米	9.7	3.5	72.8	29.0	240	4.7	2.57	93.1	0.55	2.5～8.9	0.57	0.12	1.6	1541.6
稻米	6.9	1.7	76.0	10.0	200	1.5	1.72	39.8	0.22	—	0.24	0.05	1.5	1451.8
小麦粉	9.9	1.8	74.6	38.0	268	4.2	2.28	51.1	0.40	—	0.46	0.06	2.5	1481.1
玉米	8.5	4.3	72.2	22.0	210	1.6	1.87	60.0	0.19	0.8～17.4	0.34	0.10	2.3	1514.6

养素成分、含量及其作用，进而做到深加工，对稳步发展谷子生产，调整人民食物营养结构，提高种植谷子的经济效益，具有重要意义。

五、燕麦

燕麦是禾本科燕麦属的草本植物，是重要的饲草、饲料作物，也是古老的农作物，一般分为带稃型和裸粒型两大类。我国栽培的燕麦以裸粒型为主，常称裸燕麦，其籽实几乎全部食用，主要分布在华北、西北和西南地区。

营养与保健是当代人们对膳食的基本要求，燕麦作为谷物中最好的全价营养食品，恰恰能满足这两方面的需要。根据中国医学科学院营养与食品卫生研究所对食物成分的分析结果，裸燕麦在谷物中其蛋白质和脂肪的含量均居首位（表 2-4），尤其是评价蛋白质质量高低的人体必需的 8 种氨基酸的含量基本上均居首位。特别值得提出的是具有增智与健骨功能的赖氨酸含量是大米和小麦面的 2 倍以上。防止贫血和毛发脱落的色氨酸也高于大米和小麦面。脂肪含量尤为丰富，并富含大量的不饱和脂肪酸。另据中国农科院分析

表 2-4　几种粮食的营养成分比较（每 100g 食物含量数）

营养成分	裸燕麦	小麦粉	粳稻米	玉米面	荞麦面	大麦米	黄米面
蛋白质/g	15.6	9.4	6.7	8.9	10.6	10.5	11.3
脂肪/g	8.8	1.3	0.7	4.4	2.5	2.2	1.1
碳水化合物/g	64.8	74.6	76.8	70.7	68.4	66.3	68.3
热量 /kJ	1635.9	1460.2	1443.5	1497.9	1481.1	1389.1	1376.5
粗纤维/g	2.1	0.6	0.3	1.5	1.3	6.5	1.0
钙/mg	69.0	23.0	8.0	31.0	15.0	43.0	—
磷/mg	390.0	133.0	120.0	367.0	180.0	400.0	—
铁/mg	3.8	3.3	2.3	3.5	1.2	4.1	—
维生素 B_1/mg	0.29	0.46	0.22	—	0.38	0.36	0.20
维生素 B_2/mg	0.17	0.06	0.06	0.22	—	0.10	—
尼克酸/mg	0.80	2.50	2.80	1.60	4.10	4.80	4.30

中心等单位的分析结果，裸燕麦中的亚油酸含量占脂肪总量的38.1%～52.0%，油酸占不饱和脂肪酸的30%～40%，释放的热量和钙的含量也高于其他粮食。此外，磷、铁、维生素 B_2 也较丰富。燕麦还含有其他谷物粮食中所没有的皂苷的主要成分。

六、薏米

薏苡是一年生或多年生的禾本科药兼用作物，又称药玉米、天谷等，其种仁叫薏米。在我国有着悠久的栽培和应用历史，我国大部分省都有零星种植，而辽宁、河北、江苏、福建等省为主产区。

随着科学技术的发展，近年来对薏米营养成分的研究不断深入。我国山西产薏米仁蛋白质含量16.2%、脂肪含量4.65%、淀粉含量79.17%。据报道，我国南方产薏米每百克含蛋白质13.7g、脂肪5.4g、淀粉64.9g、钙72mg、磷242mg、铁5.8mg、硫胺素0.41mg、核黄素0.16mg、尼克酸2.3mg。中国农科院特产研究所种植的薏米经成分测定，其蛋白质含量15.92%、脂肪6.083%、总磷6.628%、钙178.64mg/kg、铁76.14mg/kg、锌23.52mg/kg、锰2.22mg/kg、镁19.49mg/kg、铜2.94mg/kg，并含有17种氨基酸，其中8种为人体必需氨基酸。从薏米营养成分含量测定结果可以看出，薏米的蛋白质含量比大米、玉米高（大米7.0%左右，玉米9.9%左右），脂肪含量也比玉米（4.4%）高。同时，有关专家分析发现，薏米内重金属及有毒物质残留量极低，是典型的“绿色食品”。而薏米中所含有的各种微量元素都是人体必需的，基本上符合世界卫生组织公布的人体必需微量元素。

现代药理学研究表明，薏米不含有重金属等有害物质，具有保健、美容等功效，并对某些疾病有良好的治疗作用，是一种十分有开发前景的功能性谷类作物。

七、大麦

栽培大麦以大麦穗的式样，即穗部的子粒行数，可分为六棱大麦和二棱大麦。六棱大麦子粒小而整齐，多用以制造麦曲，有一种疏穗的六棱大麦在侧小花处重叠，被误认为四棱大麦，子粒大小不匀，多用作饲料；二棱大麦子粒大而饱满，淀粉含量高，供制麦芽和酿造啤酒。

栽培大麦分为皮大麦（带壳）和裸大麦（无壳的）等类型，农业生产上所称的大麦是指皮大麦，裸大麦在不同地区有元麦、青稞、米大麦的俗称。我国的冬大麦主要分布在长江流域各省市；裸大麦主要分布于青海、西藏、四川、甘肃等省和自治区；春大麦主要分布于东北、西北和山西、河北、陕西、甘肃等地的北部。

大麦因其生物遗传特性不同，可分为带壳大麦、无壳大麦、蜡质大麦和非蜡质大麦。

大麦营养成分丰富，据分析，每 100g 大麦的营养成分，粗蛋白 8g、脂肪 1.5g、可利用糖类 75g、粗纤维 0.5g、热量 1380.72kJ、钙 15mg、磷 200mg、铁 1.5mg、钠 4mg、钾 180mg、灰分 0.9g、维生素 B_1 0.09mg、维生素 B_2 0.03mg、维生素 B_6 0.25mg、水分 13g。随品种不同其营养成分含量也有所不同。

第二节 薯类

一、甘薯

甘薯又名地瓜、红薯、白薯等，为旋花科甘薯属的一个重要栽培品种。由于其高产稳产，抗干旱、耐瘠薄、适应性广及营养丰富等特点，已成为全球广泛种植的主要块根作物之一。我国是世界甘薯生产大国，栽培面积和总产量均居世界首位。

甘薯的营养价值较高，它富含淀粉，一般含量占鲜薯重的 15%～26%，高的可达 30%左右，随品种不同而异。含可溶性糖占鲜薯重的 3%左右。据测定每 100g 鲜薯中含蛋白质 2.3g、脂肪 0.2g、粗纤维 0.5g、无机盐 0.9g（其中钙 18mg、磷 20mg、铁

0.4mg）、胡萝卜素1.31mg、维生素C 30mg、维生素$B_1$0.21mg、维生素$B_2$0.04mg、尼克酸0.5mg、热量531.4kJ。甘薯所含蛋白质虽不及米面多，但其生物价比米面高，且蛋白质的氨基酸组成全面。甘薯的维生素含量丰富，据报道，维生素B_1和维生素B_2为米面的2倍；维生素E为小麦的9.5倍；纤维素为米面的10倍；维生素A和维生素C含量均高，而米面为零。

甘薯不但营养丰富，还具有一定的保健功能。现代营养学认为，甘薯是“生理碱性”食物，可以中和由肉、蛋、米、面所产生的酸性物质，调节人体内的酸碱平衡。甘薯中的纤维素和半纤维素含量高达2.7%～7.6%（以干物质计），相当于米面的10倍，甘薯中高含量的膳食纤维能促进胃肠蠕动，从而促进排便，预防便秘和大肠癌的发生。甘薯富含钾、β-胡萝卜素、叶酸、维生素C和维生素B_6等成分，β-胡萝卜素和维生素C具有抗脂质氧化、预防动脉粥样硬化的作用。钾有助于维持人体细胞液和电解质的平衡，维持正常的血压和心脏功能。甘薯含有丰富的黏液蛋白，可以提高机体的免疫能力，还可以预防癌症。甘薯中含有一种叫作脱氢雄酮的化学物质，可预防结肠癌和乳腺癌。因此经常食用甘薯可以起到健身防病的作用。

二、马铃薯

马铃薯又称土豆、山药蛋、洋芋、地蛋等。它是茄科茄属的一年生草本植物，薯芋类蔬菜，可食器官为地下块茎。马铃薯是世界上仅次于小麦、水稻和玉米的第四种主要作物。全球马铃薯年产量约3亿吨，其中一半以上供人类食用。马铃薯富含淀粉和蛋白质，菜粮兼用，也是淀粉、酒精、葡萄糖等工业生产的原料。

马铃薯是珍贵的食物，它既是菜又是粮，从其化学组成（表2-5和表2-6）中可以看出，它的块茎中含有丰富的淀粉和对人体极为重要的营养物质，如蛋白质、糖类、矿物质、盐和多种维生素等。马铃薯中除脂肪含量较少外，其他物质如蛋白质、碳水化合

表 2-5　马铃薯及其制品的常规营养成分（每 100g 含量）

名称	水分/g	热量/kJ	蛋白质/g	脂肪/g	碳水化合物/g	粗纤维/%
生马铃薯	79.8	318.20	2.1	0.1	17.1	0.5
烤马铃薯	75.1	389.37	2.6	0.1	21.1	0.6
煮马铃薯	79.1	318.20	2.1	0.1	17.1	0.5
牛奶马铃薯泥	82.9	272.14	2.1	0.7	13.0	0.4
马铃薯片	1.8	2378.10	5.3	39.8	50.0	1.6

表 2-6　马铃薯及其制品的常规营养元素及维生素（每 100g 含量）

名称	钙/mg	磷/mg	镁/mg	钾/mg	铁/mg	维生素 A/U	维生素 B_1/mg	维生素 B_2/mg	维生素 B_6/mg	维生素 C/mg
生马铃薯	7.0	53.0	14.0	407.0	0.60	40.0	0.100	0.04	0.25	20.00
烤马铃薯	9.0	65.0	28.8	503.0	0.70	—	0.100	0.04	—	20.00
煮马铃薯	7.0	53.0	—	407.0	0.60	—	0.100	0.04	—	20.00
牛奶马铃薯泥	24.0	49.0	—	261.0	0.40	20.0	0.080	0.05	—	10.00
马铃薯片	40.0	139.0	48.0	1130.0	1.8	—	0.21	0.07	0.18	16.00

物、铁和维生素的含量均显著高于小麦、水稻和玉米。每 100g 新鲜马铃薯块茎能产生 318.2kJ 的热量，如以 2.5kg 马铃薯块茎折合 500g 粮食计算，它的发热量高于所有的禾谷类作物。马铃薯的蛋白质是完全蛋白质，含有人体必需的 8 种氨基酸，其中赖氨酸的含量较高，每 100g 马铃薯中含量达 93mg，色氨酸也达 32mg，这两种氨基酸是其他粮食作物所缺乏的。马铃薯淀粉易为人体所吸收，其维生素的含量与蔬菜相当，胡萝卜素和抗坏血酸的含量丰富，每 100g 马铃薯中含量分别为 40mg 和 20mg。美国农业部研究中心的研究报告指出："作为食品，牛奶和马铃薯两样便可提供人体所需要的营养物质"，而德国专家指出，马铃薯为低热量、高蛋白，含多种维生素和矿物质元素的食品，每天进食 150g 马铃薯，可摄入人体所需的 20%维生素 C、25%的钾、15%的镁，而不必担心人

的体重会增加。

马铃薯不但营养价值高，而且还有较为广泛的药用价值。我国传统医学认为，马铃薯有和胃、健脾、益气的功效，可以预防和治疗胃溃疡、十二指肠溃疡、慢性胃炎、习惯性便秘和皮肤湿疹等疾病，还有解毒、消炎之功效。

三、山药

山药别名薯蓣、大薯、佛掌薯、山薯等，属薯蓣科山药属，是一年生或多年生草本蔓生植物，能形成肥大的地下肉质块茎供食用或药用，营养价值高。按植物学分类，山药在植物学上包括许多种，有药用和蔬菜用种。我国种植山药的历史悠久，栽培面积广，目前除西藏、东北的北部及西北黄土高原外，其他各省均有栽培，其中陕西、山东、江苏等地为山药的主产区。

山药的主要食用部分是地下块茎，可食用率高达95%，营养物质丰富，山药中含有大量淀粉及蛋白质、各种维生素、微量元素和糖类。据分析，每100g鲜山药中，含水分76.7～82.6g、蛋白质1.5～1.9g、脂肪0.75g、纤维素0.9g、胡萝卜素0.02mg、维生素$B_1$0.08mg、维生素$B_2$0.02mg、烟酸0.3mg、维生素C 4mg、钙 14mg、磷 42mg、铁 1.3mg、锌 0.6mg、铜 0.3mg、锰 0.18mg。山药还含有黏多糖、尿囊素、山药素、胆碱、盐酸多巴胺、甘露多糖等生理活性物质，是营养价值很高的药食同源食品。

山药具有很强黏度的物质基础是糖蛋白，又称为山药黏多糖、黏蛋白。山药黏多糖具有刺激或调节免疫系统，增强人体免疫力的作用；预防心血管系统的脂肪沉积，保持血管弹性，防止动脉过早地发生硬化；减少皮下脂肪沉积，避免出现肥胖等多种生理功能。山药含有皂苷、胆碱、多巴胺、薯蓣皂等多种成分。皂苷能够降低胆固醇和甘油三酯，对高血压和高血脂等病症有改善作用。胆碱是与学习记忆有关的神经传递物质——乙酰胆碱的物质基础。多巴胺能扩张血管、改善血液循环。薯蓣皂是合成女性激素的先驱物质，具有滋阴补阳、增强新陈代谢的功效。山药含有淀粉糖化酶、淀粉酶等多种消化酶，特别是它所含的能够分解淀粉的淀粉糖化酶，是萝卜中含量的3倍。淀粉糖化酶有促进消化的作用，胃胀时食用，可以去除不适症状。

第三节 豆类和油料类

一、大豆

大豆通称黄豆，豆科大豆属一年生草本，原产我国，我国各地均有栽培，亦广泛栽培于世界各地。大豆是我国重要的粮食作物之一，已有5000年栽培历史，古称菽，我国东北为主产区，是一种其种子含有丰富植物蛋白质的作物。大豆的种类繁多，按大豆种皮的颜色分为黑大豆、黄大豆、褐大豆、青大豆和花大豆；按大豆播种季节可分为春大豆、夏大豆、秋大豆和冬大豆；按大豆的主要化学组成可分为蛋白型和脂肪型。

大豆含的营养素比较全面，并且含量丰富，每100g大豆含蛋白质36.3g、脂肪18.4g、糖25.3g、热量412kJ、钙367mg、磷571mg、铁11mg、胡萝卜素0.4mg、维生素B_1 0.79mg、维生素B_2 0.25mg、尼克酸2.1mg，与等量的猪肉相比，蛋白质多1倍、钙多33倍、铁多26倍，而价格比猪肉便宜很多。大豆蛋白质含有人体所需的各种氨基酸，特别是赖氨酸、亮氨酸、苏氨酸等人体必需氨基酸比较多，仅蛋氨酸比较少。这与一般谷类食物正好相反。故大豆与粮食混吃可以互补，大大提高了大豆及粮食的营养价值。大豆含有多量脂肪，并且为不饱和脂肪酸，尤其以亚麻酸含量最丰富，这对于预防动脉硬化有很大作用。大豆中还含有约1.5%的磷脂，磷脂是构成细胞的基本成分，对维持人的神经、肝脏、骨骼及皮肤的健康均有重要作用。

大豆，是豆类中营养价值最高的品种，在百种天然的食品中，它名列榜首，含有大量的不饱和脂肪酸、多种微量元素、维生素及优质蛋白质。大豆经加工可制作出很多种豆制品，是高血压、动脉硬化、心脏病等心血管病人的有益食品。大豆富含蛋白质，且所含氨基酸较全，尤其富含赖氨酸，正好补充了谷类赖氨酸不足的缺陷，所以应以谷豆混食，使蛋白质互补。

大豆在食品加工中主要用于加工豆制品、榨取豆油、酿造酱油和提取蛋白质。另外，豆渣或磨成粗粉的大豆也常用于禽畜饲料。

二、小豆

小豆又名赤小豆、赤豆、红小豆等，目前在我国主要小豆产区通常称为红小豆，据考证在我国已有2000多年的栽培历史。小豆为一年生草本植物，植株有直立型、半蔓型与蔓生型三种。

小豆营养丰富，根据河南省农科院实验中心对我国小豆种质资源1479份进行分析化验，结果蛋白质含量在16.86%～28.32%，平均22.56%，常见变幅为20.92%～24.00%；脂肪含量为0.01%～2.65%，平均0.59%；淀粉含量为41.83%～59.89%，平均53.17%，其中直链淀粉8.32%～16.36%，平均11.5%。

据分析，禾谷类作物子粒中蛋白质含量一般为7%～12%，而小豆为20.92%～24.0%，比禾谷类高2～3倍。小豆子粒中蛋白质与碳水化合物的比例为1∶(2～2.5)；而禾谷类仅为1∶(6～7)。小豆蛋白质含量也比畜产品的含量高，例如猪瘦肉含蛋白质为16.7%，牛肉为17.7%，鸡蛋为14.7%，牛奶为3.3%。小豆蛋白质含有18种氨基酸，其中8种是人体必需氨基酸，小豆子粒蛋白质中人体必需氨基酸组成较全，但含硫氨基酸的含量较少，所以含硫氨基酸是第一限制性氨基酸。

小豆有重要的药用价值。自古以来，有很多国家就有用小豆治病、防病的传统习惯和经验。《本草纲目》和《中药大辞典》分别介绍了小豆子粒性味甘、甜，无毒，入心及小肠二经。小豆含有较多的皂草苷，可刺激肠子，有通便、利尿的作用，对心脏病和肾脏病有疗效；每天吃适量小豆可净化血液，解除心脏疲劳。小豆还有较多的纤维和许多可溶性纤维，不仅可以通气、通便，而且可以减少胆固醇。现代医学还证明，小豆对金黄色葡萄球菌、福氏痢疾菌和伤寒杆菌都有明显的抑制作用。

三、绿豆

绿豆又名菉豆、植豆、文豆，是豆科菜豆族豇豆属植物中的一个栽培种，原产地为我国，我国已有2000多年的栽培历史。绿豆为一年生草本植物，植株有直立型、半蔓型与蔓生型三种。

绿豆营养丰富，其子粒中含有蛋白质22%～26%，是小麦面粉的2.3倍、小米的2.7倍、玉米面的3.0倍、大米的3.2倍、甘薯面的4.6倍。其中球蛋白53.5%，清蛋白15.3%，谷蛋白13.7%，醇溶蛋白1.0%。在绿豆蛋白质中，人体所必需的8种氨基酸的含量在0.24%～2.0%，是禾谷类的2～5倍。绿豆子粒中含淀粉50%左右，仅次于禾谷类，其中直链淀粉29%、支链淀粉71%。绿豆中纤维素含量较高，一般在3%～4%；而禾谷类只有1%～2%，水产和畜禽类则不含纤维素。绿豆中脂肪含量较低，一般在1%以下，主要是软脂酸、亚油酸和亚麻酸。另外绿豆还含有丰富的维生素、矿物质等营养素。其中维生素B_1是鸡肉的17.5倍；维生素B_2是禾谷类的2～4倍，且高于猪肉、牛奶、鸡肉、鱼；钙是禾谷类的4倍，是鸡肉的7倍；铁是鸡肉的4倍；磷是禾谷类及猪肉、鸡肉、鱼、鸡蛋的2倍。

绿豆属清热解毒类药物，具有消炎杀菌、促进吞噬功能等药理作用。在其籽实和水煎液中含有生物碱、香豆素、植物甾醇等生物活性物质，对人类和动物的生理代谢活动具有重要的促进作用。绿豆衣中含有0.05%左右的单宁物质，能凝固微生物原生质，故有抗菌、保护创面和局部止血作用。另外单宁具有收敛性，能与重金属结合生成沉淀，进而起到解毒作用。

中医学认为绿豆、豆皮、豆芽、豆叶及花均可入药。绿豆味甘性寒，入心肺二经。内服具有清热解毒、消暑利水、抗炎消肿、保肝明目、止泻痢、润皮肤、降低血压和血液中胆固醇、防止动脉粥样硬化等功效，外用可治疗创伤、烧伤、疮疖痈疽等症。

四、豌豆

豌豆又名麦豌豆、寒豆、铭豆，软荚豌豆别名荷兰豆，是我国广泛种植的食用豆类作物，在我国的栽培历史有 2000 多年，并早已遍及全国。栽培豌豆可分为白花豌豆和紫（红）花豌豆。根据荚型，豌豆可分为软荚豌豆（荷兰豆、甜脆豌豆）和硬荚豌豆；根据粒色，可分为白豌豆、绿豌豆、麻豌豆和绿皮绿心豌豆等；根据子粒形状，可分为圆粒豌豆、皱粒豌豆等；根据叶形，可分为普通叶豌豆、半无叶豌豆、无叶豌豆、无须豌豆和簇生小叶豌豆。另外，按生育期长短，栽培豌豆一般可分为早熟型、中熟型和晚熟型。

豌豆富含蛋白质、碳水化合物、矿质营养元素等（表 2-7），具有较全面而均衡的营养。豌豆子粒由种皮、子叶和胚构成。其中干豌豆子叶中所含的蛋白质、脂肪、碳水化合物和矿质营养分别占子粒中这些营养成分总量的 96%、90%、77%和 89%。胚虽富含蛋白质和矿质元素，但在子粒中所占的比重极小。种皮中包含了种子中大部分不能被消化利用的碳水化合物，其中钙磷的含量也较多。

表 2-7　豌豆子粒的营养成分　　单位：g/100g

成分	干豌豆	青豌豆	食荚豌豆
水分	8.0～14.0	55.0～78.3	83.3
蛋白质	20.0～24.0	4.4～11.6	3.4
脂肪	1.6～2.7	0.1～0.7	0.2
碳水化合物	55.5～60.6	12.0～29.8	12.0
粗纤维	4.5～8.4	1.3～3.5	1.2
灰分	2.0～3.2	0.8～1.3	1.1
热量值/kJ	1348～1453	335～674	221

皱粒豌豆含半纤维素较多，而圆粒豌豆半纤维素含量较少。豌

豆的粗纤维主要集中在种皮中，种皮重量约占种子重量的8.22%。其中含有整个种子中55.2%的纤维素和23.1%的半纤维素。粗纤维是不能被人类的胃肠消化的，因而被认为是膳食组成中最不重要的成分，其中的纤维素最难消化而且还会影响其他营养成分特别是蛋白质的利用。但因其可刺激胃肠蠕动，近年来，膳食纤维的重要性在各国家已得到公认。

干豌豆子粒中富含维生素 B_1、维生素 B_2 和尼克酸。豌豆干子粒中矿质元素的总含量约为2.5%，是优质的钾、铁、磷等矿质营养源。

五、蚕豆

蚕豆又名胡豆、佛豆、罗汉豆等。它是除大豆和花生之外我国目前面积最大、总产量最多的食用豆类作物。根据用途不同还可分为食用、菜用、饲用和绿肥用四种类型。按播种期和冬春性不同，分为冬蚕豆和春蚕豆；以种皮颜色不同而分为青皮蚕豆、白皮蚕豆和红皮蚕豆等。

蚕豆子粒含有大量蛋白质，平均含量27.6%，有的品种可高达34.5%，是豆类中仅次于大豆、四棱豆和羽扇豆的高蛋白作物。蚕豆种子不仅蛋白质含量高，而且蛋白质中氨基酸种类齐全，人体中不能合成的8种必需氨基酸中，除色氨酸和蛋氨酸含量稍低外，其余6种含量都较高，尤其是赖氨酸含量丰富，所以蚕豆被认为是植物蛋白质的重要来源。蚕豆中维生素含量均超过大米和小麦。蚕豆营养成分及氨基酸含量见表2-8和表2-9。

蚕豆子叶（包括胚芽）作为种子的主要成分，其蛋白质、碳水化合物、脂类和矿物元素的含量占到其本身重量的90%以上。蚕豆种皮约占种子重量的13%，其纤维素含量却占种子纤维素总量的86.8%。种子中绝大部分的单宁也存在于种皮中，因此种皮是蚕豆作为食品利用过程中的主要限制因素。

表 2-8 蚕豆营养成分（每 100g 中含量）

项目	干蚕豆	炸盐蚕豆	鲜蚕豆	蚕豆芽
水分/g	13.0	11.0	77.1	63.8
蛋白质/g	28.2	28.2	9.0	13.0
脂肪/g	0.8	8.9	0.7	0.8
碳水化合物/g	48.6	47.2	11.7	19.6
热量/kJ	1313.7	1598.3	372.4	577.4
粗纤维/g	6.6	1.3	0.3	0.6
灰分/g	2.7	3.4	1.2	2.2
钙/mg	71.0	55.0	15.0	109.0
磷/mg	340.0	222.0	217.0	382.0
铁/mg	7.0	6.7	1.7	8.2
胡萝卜素/mg	0	—	0.15	0.03
维生素 B_1/mg	0.39	—	0.33	0.17
维生素 B_2/mg	0.27	—	0.18	0.14
尼克酸/mg	2.6	—	2.9	2.0
维生素 C/mg	0	0	12.0	7.0

表 2-9 干蚕豆氨基酸含量 单位：%

氨基酸	含量	氨基酸	含量
天冬氨酸	2.12～3.86	异亮氨酸	0.88～1.87
苏氨酸	0.58～1.14	亮氨酸	1.47～2.78
丝氨酸	0.32～1.58	酪氨酸	0.43～1.15
谷氨酸	3.28～6.68	苯丙氨酸	0.41～1.90
甘氨酸	0.88～1.48	赖氨酸	1.39～2.25
丙氨酸	0.87～1.50	组氨酸	0.26～0.93
胱氨酸	0.11～0.77	精氨酸	1.54～3.96
缬氨酸	0.99～1.86	脯氨酸	0.53～2.30
蛋氨酸	0.07～0.56	色氨酸	0.09～0.21

六、花生

花生又名落花生，属蝶形花科落花生属一年生草本植物。据我国有关花生的文献记载栽培史早于欧洲 100 多年。

花生的果实为荚果，通常分为大中小三种，形状有蚕茧形、串珠形和曲棍形。蚕茧形的荚果多具有种子 2 粒，串珠形和曲棍形的荚果，一般都具有种子3粒以上。果壳的颜色多为黄白色，也有黄褐色、褐色或黄色的。花生果壳内的种子通称为花生米或花生仁，由种皮、子叶和胚三部分组成。种皮的颜色为淡褐色或浅红色。种皮内为两片子叶，呈乳白色或象牙色。

花生果具有很高的营养价值，内含丰富的脂肪和蛋白质。据测定花生果内脂肪含量为44%～45%，蛋白质含量为24%～36%，含糖量为20%左右。花生中还含有丰富的维生素B_2、维生素PP、维生素A、维生素D、维生素E以及钙和铁等，并含有硫胺素、核黄素、尼克酸等多种维生素。矿物质含量也很丰富，特别是含有人体必需的氨基酸，有促进脑细胞发育、增强记忆的功能。食用花生具有降低胆固醇、延缓人体衰老、预防肿瘤及促进儿童骨骼发育等功效。

花生种子富含油脂，从花生仁中提取的油脂呈淡黄色、透明、芳香宜人，是优质的食用油。花生是100多种食品的重要原料。它除可以榨油外，还可以炒、炸、煮食，制成花生酥以及各种糖果、糕点等。因为花生烘烧过程中有二氧化碳、香草醛、氨、硫化氢以及一些其他醛类挥发出来，因此构成花生果仁特殊的香气。

花生除供食用外，还用于印染、造纸工业。花生也是一味中药，适用营养不良、脾胃失调、咳嗽痰喘、乳汁缺少等症。

七、芝麻

芝麻原称胡麻，属胡麻科，是胡麻的种子。芝麻是我国四大食用油料作物的佼佼者，是我国主要油料作物之一。芝麻有黑白两种，食用以白芝麻为好，补益药用则以黑芝麻为佳。芝麻既可食用又可作为油料。日常生活中，人们吃的多是芝麻酱和香油。而吃整粒芝麻的方式则不是很科学，因为芝麻仁外面有一层稍硬的膜，只有把它碾碎，其中的营养素才能被吸收。所以，整粒的芝麻炒熟后，最好用食品加工机搅碎或用小石磨碾碎了再吃。

芝麻含有大量的脂肪和蛋白质，还有膳食纤维、维生素B_1、

维生素 B_2、尼克酸、维生素 E、卵磷脂、钙、铁、镁等营养成分。芝麻中的亚油酸有调节胆固醇的作用。芝麻中含有丰富的维生素E，能防止过氧化脂质对皮肤的危害，抵消或中和细胞内有害物质游离基的积聚，可使皮肤白皙润泽，并能防止各种皮肤炎症。芝麻还具有养血的功效，可以治疗皮肤干枯、粗糙，令皮肤细腻光滑、红润光泽。芝麻味甘，性平，入肝、肾、肺、脾经，有补血明目、祛风润肠、生津通乳、益肝养发、强身体、抗衰老之功效，可用于治疗身体虚弱、头晕耳鸣、高血压、高血脂、咳嗽、身体虚弱、头发早白、贫血萎黄、津液不足、大便燥结、乳少、尿血等症。

第四节 果蔬类

一、红枣

红枣为鼠李科枣属植物的成熟果实，经晾、晒或烘烤干制而成，果皮红至紫红色，又名大枣、干枣、枣子，起源于我国，在我国已有8000多年的种植历史，自古以来就被列为“五果”（栗、桃、李、杏、枣）之一，是我国特有的果树之一，近年来正在成为我国果树中新的发展热点。

红枣富含蛋白质、脂肪、糖类、胡萝卜素、B族维生素、维生素C、维生素P以及磷、钙、铁等成分，其中维生素C的含量在果品中名列前茅，有“天然维生素丸”之美称。红枣富含的环磷酸腺苷，是人体能量代谢的必需物质，能增强肌力、消除疲劳、扩张血管、增加心肌收缩力、改善心肌营养，对防治心血管疾病有良好的作用。红枣具有补虚益气、养血安神、健脾和胃等功效，是脾胃虚弱、气血不足、倦怠无力、失眠等患者良好的保健营养品。红枣对急慢性肝炎、肝硬化、贫血、过敏性紫癜等症有较好疗效。红枣含有三萜类化合物及环磷酸腺苷，有较强的抑癌、抗过敏作用。

二、杏仁

杏仁为蔷薇科落叶乔木杏、山杏和仁用杏果实的种仁，是很好的药食兼用植物蛋白源。在100g杏仁中约含蛋白质24.5g、脂肪49.6g（以不饱和脂肪酸为主）、碳水化合物8.5g、粗纤维8.8g、钙140mg、铁5.1mg、抗坏血酸10mg、苦杏仁苷3g，营养价值很高，并且它还有很好的保健作用。据《本草纲目》记载：杏仁主治咳逆、上气雷鸣、喉痹，下气、寒心奔豚……除肺热、治上焦风燥、利脑、润大肠。现代医学认为，杏仁对癌症及不同年龄男性血清胆固醇降低、动脉硬化指数降低都具有显著作用，保健功效很高。近年来发现，杏仁还具有防癌、抗衰老的作用。

三、山楂

山楂也叫山里红、红果、胭脂果，为蔷薇科植物山里红或山楂的干燥成熟果实，质硬，果肉薄，酸甜适中，风味独特。山楂有很高的营养价值，据测定，每100g山楂果中含有水分73.1g、蛋白质0.7g、脂肪0.2g、灰分0.8g、碳水化合物22g、粗纤维3.1g、胡萝卜素100mg、硫胺素0.02mg、核黄素0.02mg、抗坏血酸53mg、钙52mg、钾299mg、钠5.4mg、铁0.9mg、镁19mg、锰0.24mg、锌0.28mg、铜0.11mg、磷24mg、硒1.22mg、尼克酸0.4mg。

山楂的医疗价值也很高，现代单用本品制剂治疗心血管疾病、细菌性痢疾等，均有较好疗效。山楂含有大量的维生素C与微量元素，能够扩张血管、降低血压、降低血糖，能够改善和促进胆固醇排泄而降低血脂，预防高血脂的发生，山楂能够开胃促进消化，山楂所含有的脂肪酶也能够促进脂肪的消化。山楂所含有的黄酮类与维生素C、胡萝卜素等物质能够阻断并减少自由基的生成，可增强机体的免疫力，延缓衰老，防癌抗癌。山楂能够活血化瘀，帮助消除瘀血状态，辅助治疗跌打损伤。山楂对子宫有收缩作用，在孕妇临产时有催生效果。山楂主要含有黄酮类、低聚黄烷类、有机酸类、微量元素，另外还含有三萜类、甾体类和有机胺类等成分。近几年来，山楂在降血脂、降血压、抗脑血及其作用机制方面取得了重大进展。

四、橘子

橘子是芸香科柑橘属的一种水果，橘子的营养丰富，在每100g橘子果肉中，含蛋白质0.9g、脂肪0.1g、碳水化合物12.8g、粗纤维0.4g、钙56mg、磷15mg、铁0.2mg、胡萝卜素0.55mg、维生素B_1 0.08mg、维生素B_2 0.3mg、烟酸0.3mg、维生素C 34mg以及橘皮苷、柠檬酸、苹果酸、枸橼酸等营养物质。

橘子性平，味甘、酸，有生津止咳的作用，用于胃肠燥热之症；有和胃利尿的功效，用于腹部不适、小便不利等症；有润肺化痰的作用，适用于肺热咳嗽之症。橘子有抑制葡萄球菌的作用，可使血压升高、心脏兴奋，抑制胃肠、子宫蠕动，还可降低毛细血管的脆性，减少微血管出血。一般人群均可食用，风寒咳嗽、痰饮咳嗽者不宜食用。

五、猕猴桃

猕猴桃，也称狐狸桃、藤梨、羊桃、木子、毛木果、奇异果、麻藤果等，是猕猴桃科猕猴桃属的一种水果，果形一般为椭圆状，外观呈绿褐色，表皮覆盖浓密绒毛，不可食用，其内是呈亮绿色的果肉和一排黑色的种子，是一种品质鲜嫩、营养丰富、风味鲜美的水果。

好品质的猕猴桃每百克猕猴桃中含水分83.4g、蛋白质0.8g、脂肪0.6g、碳水化合物14.5g、膳食纤维2.6g、灰分0.7g、维生素A 22mg、胡萝卜素130mg、硫胺素0.05μg、核黄素0.02mg、尼克酸0.3mg、维生素C 62mg、维生素E 2.43mg、钙27mg、磷26mg、钾144mg、钠10mg、镁12mg、铁1.2mg、锌0.57mg、硒

0.28μg、铜 1.87mg、锰 0.73mg、异亮氨酸 26mg、亮氨酸 30mg、赖氨酸 16mg、含硫氨基酸 12mg、蛋氨酸 6mg、胱氨酸 6mg、芳香族氨基酸 38mg、苯丙氨酸 18mg、酪氨酸 20mg、苏氨酸 24mg、色氨酸 14mg、缬氨酸 34mg、精氨酸 30mg、组氨酸 12mg、丙氨酸 40mg、谷氨酸 88mg、甘氨酸 26mg、脯氨酸 32mg、丝氨酸 22mg 等。猕猴桃还含有丰富的食物纤维、B 族维生素、维生素 D 和矿物质，花含挥发油、茎皮含胶质。

猕猴桃味甘、酸，性寒，有生津解热、调中下气、止渴利尿、滋补强身之功效。其含有硫醇蛋白酶的水解酶和超氧化物歧化酶，具有养颜、提高免疫力、抗癌、抗衰老、软化血管、抗肿消炎功能。猕猴桃含有的血清促进素具有稳定情绪、镇静心情的作用；所含的天然肌醇有助于脑部活动；膳食纤维能降低胆固醇，促进心脏健康；猕猴桃碱和多种蛋白酶，具有开胃健脾、助消化、防止便秘的功能。此外，猕猴桃还有乌发美容、娇嫩皮肤的作用。

六、枸杞

枸杞是茄目茄科枸杞属的植物，果实称枸杞子。主要分布在我国宁夏、新疆、甘肃、内蒙古等省区。人们日常食用和药用的枸杞子多为宁夏枸杞的果实“枸杞子”。枸杞的营养丰富，据测定，每 100g 含碳水化合物 64.1g、蛋白质 13.9g、脂肪 1.5g、纤维素 16.9g、维生素 C48mg、核黄素 0.46mg、维生素 E 1.86mg、硫胺素 0.35mg、烟酸 4.0mg、胡萝卜素 9.7mg，另外还含有丰富的矿物质和微量元素。

众所周知，宁夏枸杞是我国传统的名贵中药材，具有补肾养肝、润肺明目等功效，受到中外医学家与食疗养生专家的高度重视。经研究，宁夏枸杞具有免疫调节、抗衰老、抗肿瘤、抗疲劳、抗辐射损伤、调节血脂、降血糖、降血压、提高视力、美容养颜、滋润肌肤等养生保健功效。

七、核桃

核桃，又称胡桃、羌桃，为胡桃科植物。与扁桃、腰果、榛子并称为世界著名的“四大干果”。核桃仁含有丰富的营养素，据测定，每100g核桃中，含脂肪50～64g，核桃中的脂肪71%为亚油酸，12%为亚麻酸，蛋白质为15～20g，蛋白质亦为优质蛋白，核桃中的脂肪和蛋白质是大脑最好的营养物质。含糖类为10g，并含有人体必需的钙、磷、铁、胡萝卜素、核黄素、维生素E、胡桃叶醌、磷脂、鞣质等营养物质，是深受老百姓喜爱的坚果类食品之一，被誉为“万岁子”“长寿果”。

核桃的药用价值很高，中医应用广泛。中医学认为核桃性温，味甘，无毒，有健胃、补血、润肺、养神等功效。现代医学研究认为，核桃中的磷脂对脑神经有很好的保健作用。核桃油含有不饱和脂肪酸，有防治动脉硬化的功效。核桃仁中含有锌、锰、铬等人体不可缺少的微量元素。人体在衰老过程中锌、锰含量日渐降低，铬有促进葡萄糖利用、胆固醇代谢和保护心血管的功能。核桃仁的镇咳平喘作用也十分明显，冬季，对慢性气管炎和哮喘病患者疗效极佳。可见经常食用核桃，既能健身体，又能抗衰老。有些人往往吃补药，其实每天早晚各吃几枚核桃，实在大有裨益，往往比吃补药还好。

核桃是食疗佳品，无论是配药用，还是单独生吃、水煮、做糖蘸、烧菜，都有补血养气、补肾填精、止咳平喘、润燥通便等良好功效。生吃核桃与桂圆肉、山楂，能改善心脏功能。核桃还广泛用于治疗神经衰弱、高血压、冠心病、肺气肿、胃痛等症。

八、板栗

板栗，又名栗、栗子、风腊，是壳斗科栗属的植物，原产于我国。江苏沭阳、广西平乐、安徽金寨、河北（迁西、宽城满族自治县、青龙满族自治县）、山东（郯城）、湖北（罗田、英山、麻城）、陕西镇安、广东河源等皆为著名的板栗产区。板栗可用于食品加工，烹调宴席和副食。板栗生食、炒食皆宜，糖炒板栗、拌烧子鸡，喷香味美。可磨粉，亦可制成多种菜肴、糕点、罐头食品等。板栗易储藏保鲜，可延长市场供应时间。板栗多产于山坡地，国外称之为“健康食品”，属于健胃补肾、延年益寿的上等果品。

板栗营养丰富，据测定，每100g含蛋白质5～7g、脂肪2g、碳水化合物40～45g、淀粉25g。生栗子维生素的含量可高达40～60mg，熟栗子维生素的含量约25mg。栗子另含有钙、磷、铁、钾等无机盐及胡萝卜素、B族维生素等多种成分。

中医学认为，栗味甘，性温，无毒，有健脾补肝、强身壮骨的医疗作用。能防治高血压病、冠心病、动脉硬化、骨质疏松等疾病。同时常吃对日久难愈的小儿口舌生疮和成人口腔溃疡有益。经常生食可治腰腿无力，果壳和树皮有收敛作用；鲜叶外用可治皮肤炎症；花能治疗瘰疬和腹泻，根治疝气。民间验方多用栗子，每日早晚各生食1～2枚，可治老年肾亏，小便弱频；生栗捣烂如泥，敷于患处，可治跌打损伤，筋骨肿痛，而且有止痛止血、吸收脓毒的作用。

九、芦荟

芦荟为百合科芦荟属多年生常绿草本植物，主产于热带和亚热带地区，具有四季长绿，肉厚汁多的特点，是集食用、药用、美容、观赏于一身的植物新星。主要成分为稳定化芦荟凝胶成分（木质素、芦荟酸、皂素、蒽醌、芦荟素、肉桂酸醌、芦荟苷大、芦荟大黄素、异芦荟苷、大黄素、蒽、酚、大黄根酸等）、维生素（维生素B_1、叶酸、维生素B_2、维生素C、维生素E、维生素B_6、维生素A、β-胡萝卜素）、无机元素、单糖和黏多糖、酶和必需氨基酸（赖氨酸、亮氨酸、苏氨酸、异亮氨酸、苯丙氨酸、缬氨酸）。

芦荟具有极好的保健作用和药用功效，它不但具有美容、清热和治疗溃疡、头晕、头疼、耳鸣、烦躁、妇女闭经、小儿惊痫等功能，还具有提高免疫力、抗菌抗癌、降低血糖血脂、润肠通便的作用，可谓是神奇的万能药草。长期食用新鲜芦荟叶或者饮用芦荟汁，可以改善多种慢性病，并达到延年益寿的目的。

十、南瓜

南瓜是葫芦科南瓜属的一年生蔓生植物。我国栽培的南瓜主要包括中国南瓜和印度南瓜两种。中国南瓜又叫普通南瓜、窝瓜、番瓜、饭瓜、倭瓜等。

南瓜的嫩瓜和老熟瓜均可食用，其营养成分有所差异。据测定，在 100g 可食部分中，嫩瓜含水量为 93.7g，老熟瓜为 81.9g，老熟瓜中的碳水化合物为 15.5g，比嫩瓜的 4.2g 高 2.7 倍，但蛋白质的含量嫩瓜为 0.9g，比老瓜高 0.2g。脂肪及膳食纤维的含量，老熟瓜均略高于嫩瓜。南瓜中的胡萝卜素、钾和磷的含量丰富，较其他瓜类均高，特别是老熟瓜中的胡萝卜素更高，达 120μg，比嫩瓜含量高 1 倍。每 100g 可食部分中，老熟瓜中含钾 181mg、含磷 40mg，分别比嫩瓜高 2.1 倍和 2.3 倍。但嫩瓜中维生素 C 的含量为 16mg，比老熟瓜高 3.2 倍。此外，南瓜还含有瓜氨酸、精氨酸、天冬氨酸、葫芦巴碱、腺嘌呤、戊聚糖和甘露醇，以及果胶及酶等，其果胶含量为南瓜干物质的 7%～17%。南瓜种子的含油率约为 50%，可榨出优质的食用油，适用于高血压病人食用。

南瓜味甜适口，主要有补中益气作用，它所含的一些成分可以中和食物中残留的农药成分以及亚硝酸盐等有害物质，促进人体胰岛素的分泌，还能帮助肝、肾功能减弱的患者增加肝、肾细胞的再生能力。南瓜所含的瓜氨酸可以驱除寄生虫，所含的果胶物质除具有杀菌、止痢作用外，并能降低血液中胆固醇的含量，使血中胰岛素消失迟缓，血糖浓度比控制水平低。所以多食南瓜，能饱腹，排泄物增多，既可防饥饿，又可防止发胖和糖分增加，可有效地防治糖尿病和高血压。南瓜还具有美容的作用，是消除皱纹滋润皮肤的良品。

十一、莲藕

莲藕属睡莲科植物，是我国一种广为栽培的水生蔬菜，通常以莲子和藕供食用。在我国的江苏、浙江、湖北、山东、河南、河北、广东等地均有种植。

莲藕富含淀粉、蛋白质、维生素 C 和维生素 B_1 以及钙、磷、铁等无机盐，据测定，每 100g 含水分 77.9g、蛋白质 1.0g、脂肪 0.1g、碳水化合物 19.8g、热量 351.5kJ、粗纤维 0.5g、灰分 0.7g、钙 19mg、磷 51mg、铁 0.5mg、胡萝卜素 0.02mg、硫胺素 0.11mg、核黄素 0.04mg、尼克酸 0.4mg、维生素 C25mg。

藕肉易于消化，适宜老少滋补。生藕性寒，有清热除烦、凉血止血、散瘀之功；熟藕性温，有补心生血、滋养强壮及健脾胃之效。藕段间的藕节因含有 2%的鞣质和天冬酰胺，其止血收敛作用强于鲜藕，还能解蟹毒。莲藕的花、叶、梗、须、蓬及莲子、莲子心各有功效，均可入药治病。李时珍在《本草纲目》中称藕为“灵根”，味甘，性寒，无毒，视为祛瘀生津之佳品。

十二、魔芋

魔芋又称蒟蒻，天南星科魔芋属多年生草本植物，我国古代又称妖芋。

据测定每 100g 魔芋精粉中，含水分 14.2g、蛋白质 4.2g、碳水化合物 4.4g、粗纤维 74.4g、灰分 4.3g、核黄素 0.1mg、钾 299mg、钠 49.9mg、钙 45mg、磷 272mg、镁 66mg、铁 1.6mg、锰 0.88mg、锌 2.05mg、铜 0.17mg、尼克酸 0.5mg。

魔芋性温，味辛，有毒；可活血化瘀，解毒消肿，宽肠通便，化痰软坚；主治瘰疬痰核、损伤瘀肿、便秘腹痛、咽喉肿痛、牙龈肿痛等症。另外，魔芋还具有补钙、平衡盐分、洁胃、整肠、排魔芋毒等作用。其主要成分为葡甘露聚糖，这种物质属可溶性多糖类，从营养学的效果看，是一种理想的可溶性膳食纤维，超低热量。

第五节 其他原料

一、食用菌

食用菌是指子实体硕大、可供食用的蕈菌（大型真菌），通称为蘑菇。我国已知的食用菌有350多种，其中多属担子菌亚门，常见的有香菇、草菇、蘑菇、木耳、银耳、猴头、竹荪、松口蘑（松茸）、口蘑、红菇、灵芝、虫草、松露、百灵和牛肝菌等；少数属于子囊菌亚门，其中有羊肚菌、马鞍菌、块菌等。

食用菌中含有生物活性物质，如高分子多糖、β-葡萄糖和RNA复合体、天然有机锗、核酸降解物、cAMP和三萜类化合物等，对维护人体健康有重要的利用价值。

食用菌的药用保健价值如下。

① 抗癌作用。食用菌的多糖体，能刺激抗体的形成，提高并调整机体内部的防御能力。能降低某些物质诱发肿瘤的发生率，并对多种化疗药物有增效作用。此外栗蘑中富含的有机硒，可作补硒食品，若长期食用，几乎可以防止一切癌变。

② 抗菌、抗病毒作用。

③ 降血压、降血脂、抗血栓、抗心律失常、强心等。

④ 健胃、助消化作用。

⑤ 止咳平喘、祛痰作用。

⑥ 利胆、保肝、解毒。

⑦ 降血糖。

⑧ 通便利尿。

⑨ 免疫调节。

二、银杏

银杏，为银杏科、银杏属落叶乔木。银杏树的果实俗称白果，因此银杏又名白果树。据对银杏果营养成分的测定，每100g含蛋白质6.4g、脂肪2.4g、碳水化合物36g、粗纤维1.2g、蔗糖52g、还原糖1.1g、钙10mg、磷218mg、铁1mg、胡萝卜素320μg、核黄素50μg，以及白果醇、白果酚、白果酸等多种成分。

银杏果由肉质外种皮、骨质中种皮、膜质内种皮、种仁组成。白果能养生延年，银杏在宋代被列为皇家贡品。就食用方式来看，银杏主要有炒食、烤食、煮食、配菜、糕点、蜜饯、罐头、饮料和酒类。有祛痰、止咳、润肺、定喘等功效，但大量进食后可引起中毒。

银杏果仁的医疗保健作用。据《本草纲目》记载："熟食温肺、益气、定喘嗽、缩小便、止白浊；生食降痰、消毒杀虫"。现代科学证明，银杏种仁有抗大肠杆菌、白喉杆菌、葡萄球菌、结核杆菌、链球菌的作用。中医素以银杏种仁治疗支气管哮喘、慢性气管炎、肺结核、白带、淋浊、遗精等疾病。银杏种仁还有祛斑平皱，治疗疮、癣的作用。

三、海藻类

海藻类为低等植物，海藻类食物包括发菜、紫菜、海带、海白菜、裙带菜等，海藻的一般成分指海藻干物中所含的蛋白质、脂质、碳水化合物、灰分等物质。海藻中的主要成分是多糖类物质占干重的40%～60%，脂质0.1%～0.8%（褐藻脂质稍高），蛋白质在20%以下，灰分在藻种间含量变化较大，一般为20%～40%。

海藻类的保健作用主要体现在以下几个方面。第一，防治便秘、排毒、养颜、预防肠癌；第二，降血脂、预防动脉硬化；第三，降血糖、降血压；第四，排除体内铅及放射性元素；第五，保持液体碱性提高智商。另外，女性由于生理原因，往往造成缺铁性贫血，多食海藻可有效补铁。专家认为缺碘可引起甲状腺肿大，还会诱发甲状腺癌、乳腺癌、卵巢癌、子宫颈癌、子宫肌瘤等，因此建议妇女要适时补碘，多吃些海藻食品。同时，海藻类还具有治暗疮、除皱纹、防晒和补水等美容功效。

四、葛根

葛根，中药名，为豆科植物野葛的干燥根，习称野葛，秋、冬二季采挖，趁鲜切成厚片或小块。葛根是一种营养独特、药食兼优的绿色保健食品，其主要成分是淀粉，此外含有约12%的黄酮类化合物，包括大豆（黄豆）苷、大豆苷元、葛根素等10余种，并含有胡萝卜苷、各种氨基酸、香豆素类等；还有蛋白质、糖和人体必需的铁、钙、铜、硒等矿物质，是老少皆宜的名贵滋补品。

葛根的功能主要是解表退热，生津，透疹，升阳止泻。用于外感发热头痛、高血压颈项强痛、口渴、消渴、麻疹不透、热痢、泄泻。葛根片含有丰富的黄酮类物质（天然植物雌激素）、蛋白质、磷脂质、多糖体等营养成分，葛根黄酮具有防癌抗癌和雌激素样作用，可促进女性养颜，尤其对中年妇女和绝经期妇女养颜保健作用明显。常食葛粉能调节人体机能，增强体质，提高机体抗病能力，抗衰延年，永葆青春活力。

随着现代加工研究日益广泛与深入，寻求将不同原料的营养、保健成分相结合成为研究的热点。

五、芡实

芡实为睡莲科芡属一年生大型水生草本植物芡的干燥成熟种仁，芡实属中药中的收涩药。每100g中含蛋白质4.4g、脂肪0.2g、碳水化合物78.7g、粗纤维0.4g、灰分0.5g、钙9mg、磷110mg、铁0.4mg、硫胺素0.40mg、核黄素0.08mg、尼克酸2.5mg、维生素C 6mg，胡萝卜素微量。

芡实，味甘、涩，性平，归脾、肾经，具有益肾固精、补脾止泻、祛湿止带的功能。生品性平，涩而不滞，补脾肾而兼能祛湿。常用于白浊、带下、遗精、小便不禁，兼湿浊者尤宜。炒后性偏温，气香，增强补脾和固涩作用，清炒芡实和麸炒芡实的功用相似，均以补脾和固涩力胜。常用于脾虚泄泻和肾虚精关不固的滑精。但一般脾虚泄泻可选用麸炒品，精关不固的滑精不止可选用清炒品。

第三章

食用粥加工技术

第一节 谷物类粥加工技术

一、速煮玉米魔芋保健方便粥

（一）原料配方

膨化玉米粉 70kg、花生块粒 10kg、精细魔芋粉 1kg、芝麻 8kg、精盐粉 2kg、味精 0.1kg、白糖粉 8kg。

（二）生产工艺流程

（1）玉米验收→去杂→脱皮→挤压膨化→磨粉→过筛→玉米膨化粉

（2）魔芋精粉→磨粉过筛→魔芋精细粉

（3）花生米验收→去杂→烘烤→脱皮→破碎→过筛→花生块粒

（4）芝麻验收→去杂→烘烤→冷却→熟芝麻

（5）白糖→磨粉→过筛→糖粉

（6）味精→磨粉→过筛→味精细粉

（7）半成品调配→搅拌混合→灭菌→定量包装→封口→检验→成品

（三）操作要点

1. 原料处理

（1）玉米经脱皮机脱去坚硬的外皮，脱皮率 98%以上。外皮可回收，作为酿造原料或饲料使用。脱皮玉米粒经挤压膨化，冷却后立即磨粉，经 80～100 目过筛，所得精细玉米粉及时装袋，防止吸潮，备调制用。粗粉返回磨粉机再次粉碎。

（2）魔芋精粉经磨粉，过 60～80 目筛，细粉及时装袋，备用。

（3）白糖经磨粉，过 60～80 目筛。

（4）花生米去杂后放入烤箱或烤炉内烘烤。炉温 130～150℃，时间 30～35min，以花生米烤熟为度，以防花生烤糊。

脱皮：约冷却 5min 后用手工或机械揉搓，脱去花生外衣。脱皮率要求 98%以上。

破碎：手工压研或用不锈钢破碎机破碎，每瓣破碎成 6～7 块。块粒尽可能大小均匀，碎屑率<5%。

筛选：分级筛网孔直径 1.5～2.5mm，碎屑回收后作为糕点、糖果等食品辅料。块粒较大者再破碎。

（5）芝麻烘烤。将去杂后的芝麻放入烤盘，分摊均匀，厚 6～7mm，烘烤至芝麻烤熟为度。烘熟后，立即出锅，冷却备用。

2. 成品调配

按配方将处理好的原料进行调配。

3. 混合灭菌

调配好的成品经充分混合，并经紫外线灭菌。

4. 定量包装

经灭菌后的制品立即用塑料袋定量包装，经检验合格即为成品。

（四）成品质量指标

（1）理化指标　水分≤2%，溶解度≥98%，脂肪含量≤12%，蛋白质含量≥7.8%，葡甘露聚糖含量≥0.8%，铅（以 Pb 计）≤1mg/kg，砷（以 As 计）≤0.5mg/kg，铜（以 Cu 计）≤10mg/kg。

（2）微生物指标　细菌总数≤30000 个/g，大肠菌群数≤15 个/100g，致病菌不得检出。

二、玉米八宝粥

（一）原料配方

玉米粒 140g、木耳 16g、芸豆 20g、黑豆 20g、花生 20g、南瓜块 40g、红枣 2～6 枚、桂圆 4～6 枚、水 3500g。

（二）生产工艺流程

玉米粒、花生、黑豆、芸豆浸泡→加水高压煮沸→加入南瓜块、红枣煮沸→加入湿木耳块、桂圆肉煮沸→装罐→灭菌→成品

（三）操作要点

1. 原料的挑选及处理

红枣选色泽鲜艳、肉质厚、无霉变、无虫蛀的一等干制品，洗净后去核、切块备用。

玉米粒、黑豆、芸豆、花生、南瓜均选当年新产的，要求无污染、无霉变、无虫蛀、无杂质。黑豆、芸豆、花生要浸泡 12h 后洗净；南瓜掏瓤洗净，并切成 1cm×1cm 的小方块；玉米粒洗净备用。

木耳选用优质东北干制品，要求无杂质、无霉变，用清水浸泡，充分吸水膨胀后洗净切块。

桂圆如选鲜果，应选果大肉厚的；如选干制品，应选用无霉点、无虫蛀、色泽正常的桂圆干，去壳去核后切块。

2. 八宝粥的制作

将理好的玉米粒、黑豆、芸豆、花生混合，加水 3500g，在 98kPa 压力下煮沸 20min；再将南瓜块、红枣块加入继续煮沸 20min；将湿木耳块、桂圆肉加入再煮沸 5min 后即可食用（如喜欢偏甜的，可加糖 105～110g）；装罐后，再在 98kPa 压力下保温 30min，灭菌后即为最终产品，易拉罐包装保存期可达 2 年。

（四）成品质量标准

（1）感官指标　具有本产品固有的滋味和芳香气味，无不良气味；黏稠适中，口感滑润；外观形态均匀，无烂散的胶状体。

（2）理化指标　总固形物≥11%，pH 值 6～7。

（3）微生物指标　细菌总数≤300 个/g，大肠菌群以及致病菌不得检出。

三、玉米营养方便粥

玉米营养方便粥以黄玉米为原料，经去皮、去胚、粉碎、筛粒、熟化、速冻、干燥等工序，辅以用大枣、茯苓、枸杞、山楂、蜂蜜等按配比混合制成的糊料制成，是一种营养比较全面的玉米制品。食用时以沸水冲泡，在很短时间内便可复水膨胀，达到食用要求。冲泡后的方便粥不仅具有枣香，而且具有浓郁的蜂蜜、山楂风味，别具一番滋味。

该产品工艺流程简单，生产成本低，食用方便，适合做快餐、旅游食品。

（一）生产工艺流程

1. 玉米粒的制备

玉米→净化→去皮、去胚→粉碎、过筛→淘洗、烘干→煮制、闷浸→冷渍、吹干→速冻（或加热食用）→干燥。

2. 营养液的制备

茯苓粉碎煎煮→大枣、枸杞、山楂煎煮→提汁 3 次→合并滤液加入余料→再滤 1 次。

3. 营养糊料的制备

小麦粉→蒸熟→过筛→加马铃薯淀粉→混合→加营养液→造粒→干燥

4. 混合与成品

玉米粒→加营养糊料混合→包装→成品

（二）操作要点

该成品是由熟化玉米粒和营养糊料调配而成，下面分别介绍各成分的制备。

1. 熟化玉米粒的制备

（1）玉米粒的处理　选料后经湿润去皮、去胚，粉碎成 1.5～3.0mm 的颗粒，筛去小于 1.5mm 的部分。为了提高玉米粒的复水性，通过湿热处理改变其致密性，使之容易吸水膨胀。将筛后的玉米粒用室温水淘洗 2 次，时间为 10min 左右，滤出沥干水分，再用 80～90℃热风干燥 3～4h，使水分降低到 6%～7%，也可以用小火炒，使水分降低。

（2）煮制与闷浸　当玉米粒水分降低到 6%～7%时放入沸水锅中，玉米粒与水的比例为 1∶4，煮沸 5min，然后保持在 95℃左右加热 10～15min，使淀粉基本糊化。煮沸过程中不可搅动，以免糊汤。如水被吸完，再加 2 倍于玉米粒质量的 90℃水，加盖闷浸 15～20min，进一步吸水膨胀和糊化。煮制与闷浸水量以玉米粒质量的 4～6 倍为宜，玉米粒一定要保证在沸水时下锅。蒸煮程度以玉米粒体积膨胀 1.5 倍左右，口尝无明显硬心为宜。

（3）冷冻与干燥　将糊化完成的玉米粒捞入室温水（最好 15℃以下）中冷渍 3～5min。捞出沥干后，用 80～90℃热风吹干表面水分，放入－30℃冰箱中，速冻 4～6h。然后将玉米粒取出平摊在透气的不锈钢筛盘上进行干燥，烘至其含水量降至 5%～7%为止。干燥时先用 80℃干热风预干 50～60min，然后用 100℃干热风强制通风干燥，最后再用 200℃干热风处理 5～10s，干燥中可翻动玉米粒 2～3 次。这样处理可使淀粉糊化很快固定下来，储藏中不易老化回生，并可产生某些风味物质，增加香味。也可将速冻后的玉米粒直接加热成粥食用。

2. 营养液的制备

（1）营养液配方　以每 100kg 糊料用量计，干枣 5kg、蜂蜜

5kg、茯苓 1.5kg、枸杞 1.5kg、山楂 2kg、味精 0.2kg、乙基麦芽酚 0.3kg、精盐 0.5kg。

（2）营养液制法　将茯苓粗粉碎，用 3 倍水煮沸 30min，再加入干枣、枸杞、山楂，用 10 倍水提取 3 次。最后 1 次加入蜂蜜、精盐搅溶，用三层纱布过滤，合并滤液加入味精、乙基麦芽酚，用温开水（约 50℃）调总量至 100kg 后备用。

3. 营养糊料的制备

玉米粒在熟制过程中，部分黏性物质及营养成分会随沥水流失，使粥的风味变淡，营养降低。为弥补这些不足，可用适量增稠剂和药食兼用物质制成糊料，添加到产品中去，以改善粥的口感和黏稠性。

（1）增稠剂　使用马铃薯淀粉，70％即可糊化，增稠性强，并富有光泽。但单纯使用马铃薯淀粉形成的糊料与玉米粒的相对密度存在差异，成品冲调后玉米粒下沉，形成上稀下稠现象。因此，还需调整糊料的比例，使玉米粒悬浮于汤汁中，调整的原料可用蒸熟的小麦粉。按马铃薯淀粉和熟小麦粉的质量之比为 2∶1 调配，冲调后的粥感官较好，玉米粒大部分悬浮于汤汁中。

（2）原料混合　马铃薯淀粉和熟麦粉按 2∶1 比例在调粉机内混合 10～15min，使之均匀。如添加其他风味料和营养剂，可于此时加入。所用原辅料过 80～100 目筛，并在调粉机内彻底混合均匀。该产品按总量加入 10％～15％的营养液于糊料中，混合 10～15min，使之成为手捏成团、手压即碎的松散坯料。

（3）造粒成型　将坯料通过造粒机成型，得到颗粒均匀的糊料，粒度为 8 ～10 目。

（4）烘干　成型的糊料颗粒送入 80℃热风中干燥 30min 左右，至颗粒含水量达 5％左右为止，然后过 20 目筛，筛去糊料细末。

4. 配比与成品

（1）配比　熟化玉米粒和营养糊料按 75∶3 的比例混合均匀。

（2）包装　每袋包装量为45g，称量后密封，每10小袋再装入一大袋密封。

四、杏仁玉米方便粥

（一）生产工艺流程

杏仁→除杂→浸泡→烘干→粉碎→过筛→杏仁粉

玉米→挑选→除杂→浸泡→干燥→粉碎→过筛→玉米粉

芝麻→挑选→除杂→炒制

杏仁粉＋玉米粉＋熟芝麻→配料→蒸制→冷却→烘干→粉碎→包装→成品

（二）操作要点

（1）杏仁处理　挑选饱满、个大、无霉变的杏仁，除掉砂石、泥土和碎核皮后，置于45℃的温水中，使水的液面高出杏仁4～5cm，浸泡12～18h，然后煮沸5～10min，冷却后搓去外皮。以0.75％盐酸溶液为脱苦液，在50～60℃温度下浸泡72h，脱苦液的用量是杏仁量的2倍左右，每天换水1～2次，直至杏仁无苦味为止。捞出清洗干净，放在筛子上晾干或烘干，粉碎后过100～150目筛，所得粉末即是脱苦的杏仁粉原料。

（2）玉米处理　精心挑选子粒饱满、无霉变的玉米（以当年产为宜），去掉砂石、泥土和其他杂质，置于45℃温水中浸泡3～4h，以水面高出玉米粒3～4cm为宜，待子粒胀大时，捞出控干水分，磨去外皮，干燥，粉碎后过80～100目筛。

（3）芝麻处理　精心细致地挑选子粒饱满、无霉烂变质的芝麻颗粒，用清水洗去颗粒表面的泥土和混在芝麻内的杂质，控干后，用文火在锅内炒至微黄即可，不可炒过火。

（4）配料　精制玉米粉81％～88％，脱苦杏仁粉10％～15％，芝麻0.5%～1%，甜味剂适量（甜味剂一般选用白砂糖，对于糖尿病人可改用木糖醇或甜叶菊）。将各种配料充分混合均匀。

（5）制成品　将混合料放于蒸锅上蒸15～20min（上汽后起计算时间），待冷却后烘干，再进行1次粉碎、过筛，即可装袋保存于通风干燥处即为成品。可直接用开水冲食，也可煮开食用。

五、玉米方便粥粮

（一）生产工艺流程

玉米→清理除杂→润粮→脱皮、脱胚→浸泡→蒸煮→离散降温→压片成型→干燥→冷却整理→包装

（二）操作要点

（1）清理除杂　采用筛选、风选等方法去除杂质和不完善、病虫害子粒。

（2）润粮　用水（温水或冷水）浸润玉米10～15min，为了加快玉米皮层的软化速度，可喷入蒸汽。浸润时间不宜过长，否则玉米粒脱皮脱胚易碎。

（3）脱皮、脱胚　先用脱皮机处理，然后用破碎机脱胚，并采用筛选及相对密度分选等方法分离出皮和胚。

（4）浸泡　先将玉米仁分级，根据颗粒大小分别进行浸泡。浸泡时间为40～60min，应根据水温不同适当调整浸泡时间，以玉米仁的最终含水量在35%左右为宜。

（5）蒸煮　将浸泡好的玉米仁取出沥干水分用蒸汽加热蒸煮（高压蒸煮效果好）20～30min取出。

（6）离散、成型　趁热向玉米仁中撒入淀粉等离散剂并搅拌均匀，用压片机将其辊压成厚薄适当的片状，立即送入烘房干燥，使

产品的水分含量迅速下降到安全水分标准即可。

六、黑玉米方便粥

黑玉米方便粥，是以黑硬粒玉米为主料，采用挤压膨化技术加工而成。

（一）生产工艺流程

黑玉米粒→脱皮去胚→破碎→调整水分→挤压膨化→切片→干燥→灭菌→包装→成品

（二）操作要点

（1）脱皮去胚、破碎　将黑玉米粒脱皮并去除胚芽，然后根据所使用的设备进行适当的破碎。如以后采用单螺杆膨化机时，应破碎至细度为15～30目；采用双螺杆膨化机时，宜破碎至细度为60～80目。

（2）调整水分　黑玉米方便粥要求的膨化率较低，水分比生产黑玉米营养羹高，应依螺杆转速、膨化温度的不同，而调节水分含量至16%～25%。调节水分后，保持一段时间均湿，使其水分渗透均匀。

（3）膨化　膨化温度为140℃。螺杆转速根据挤压机类型而定，一般为1000r/min。

（4）切片　膨化时，调快切刀速度，使切成的片厚度为1～2mm。

（5）干燥、灭菌　切片后要进行干燥和灭菌。可以采用热力干燥方式灭菌，也可以采用微波干燥方式灭菌。水分含量以8%～10%为宜。

按此工艺流程生产的黑玉米方便粥，速溶性较好，用开水冲泡3～5min后即成粥状，具有玉米的天然芳香，质地细腻，清爽可口。

七、鲜嫩黑玉米营养方便粥

（一）生产工艺流程

摘黑玉米穗→去苞叶→去花丝→修整→清洗→脱粒→破碎→捞去皮渣→辅料调配→煮制糊化→装罐→排气→密封→杀菌→冷却→检验→包装→入库

（二）操作要点

（1）原料的采摘及选择　乳熟初期采收，选择颗粒饱满、胚乳呈紫黑色晶体状的黑甜玉米为原料。

（2）去苞叶、去花丝　用小刀将苞叶和花丝去掉、去净，要求随用随剥皮。

（3）脱粒　用不锈钢刀进行手工搓粒或用脱粒机脱粒，脱下的子粒要求不带胚芽，然后用40℃温水漂去黑玉米子粒中的浆状物、破碎片及胚芽等。

（4）破碎　将脱下来的鲜玉米粒用破碎机进一步破碎，再用适量的清水搅拌将浮在上层的胚、皮、渣捞去后备用。

（5）辅料液的制备　每千克原料用红枣0.5kg、胡萝卜0.5kg、枸杞0.15kg、山楂0.2kg、蜂蜜0.5kg、精制盐0.04g、味精0.05kg。将红枣、枸杞、山楂、胡萝卜洗净修整后，加至10倍水煮制提取3次，每次1h加入精制盐、蜂蜜搅溶，用双层纱布过滤，合并滤液加入味精，调剂总量为10kg。

（6）煮制糊化　把准备好的鲜嫩的黑玉米浆液和准备好的辅料液一同倒入夹层锅内煮制。

（7）灌装排气　装罐前，对煮制糊化好的粥体进行色泽、体态、滋味、甜度等检查，当达到标准时方可装罐，可采用350g马口铁罐做盛装容器，趁热灌装，采用真空排气法密封。

（8）杀菌　采用杀菌公式10′—30′—15′/121℃反压冷却到40℃后出灭菌器。

（9）保温、检验、包装　实罐杀菌结束后，逐渐冷却到30℃擦净罐身附水，而后保温检查5昼夜，如无变质现象，再经质检合格后贴标、入库后出厂。

（三）成品质量标准

（1）感官指标　黑色（或带紫色）；粥体是均匀黏稠流动状态，固形物分布均匀；有本产品特有的香气及滋味，无不良气味，口感细腻、滑润、香甜、入口化渣；无任何杂质存在。

（2）理化指标　净重350g，灌装允许±3%公差，但成批装入量平均不低于净重，固形物≥60%、可溶性固形物10%～12%，总糖含量为11%左右。

（3）微生物指标　细菌总数≤100个/g，大肠菌群≤30个/kg，无致病菌及微生物作用所引起的腐败现象。

八、即食糯玉米营养粥

即食糯玉米营养粥，是根据乳熟期糯玉米可溶性多糖含量高、淀粉α化程度高、子粒清香、皮薄无渣、口感香甜、糊化后糯性强、无回生现象的特点，并结合传统“药食同源”的理论，研制而成的。

（一）生产工艺流程

原料验收及选用→剥苞叶、去穗丝→脱粒→破碎→捞取皮渣→辅料选用（清洗、浸泡、预煮）→煮制→糊化→装罐→脱气→封罐→杀菌→冷却→检验→装箱入库或出厂

（二）操作要点

（1）鲜糯玉米选用　以黑龙江省农垦科学院作物研究所繁育的“垦黏1号”为原料。其乳熟期应依本地区气候情况而定，一般在授粉后25～33天。选子粒柔嫩饱满、易被指甲掐破溅浆、

子粒呈淡黄色、组织不萎缩、未受病虫害及机械损伤、乳熟期的糯玉米，含水量达60%左右，干物质积累为40%左右，此时采收的糯玉米，风味最佳，糯性适当，营养物质积累丰富，适合玉米粥的加工。

(2) 剥苞叶、去穗丝　手工剥去苞叶，摘净穗丝，要求随用随剥苞叶去穗丝。

(3) 脱粒　用锋利的片刀将鲜玉米削切脱粒，刀口深度以恰好触及玉米芯为宜；或用GT6A22G玉米脱粒机脱粒。脱粒后的玉米芯，用适量饮用水浸泡10～20min，洗脱浆汁，使吸附的干物质充分利用。

(4) 破碎　取2/3左右脱下的鲜玉米粒，用破碎机进一步破碎后，将其与上述洗玉米芯的洗液混合，去除浮在上层的皮渣备用。

(5) 辅料准备

芸豆：首先剔除“石豆”和不成熟子粒，去除杂质，浸泡5～6h，使其充分吸水膨胀，浸泡透后洗干净，而后煮制至豆皮开裂，捞出冷却备用。

莲子：首先挑选、破碎（每颗可破碎成5～8小块），而后浸泡3～4h，清洗后进行预煮，煮熟后捞出冷却备用。

花生：选用大粒花生，去种皮（红衣）破碎（每颗可破碎成4～5小块），浸泡3～4h后清洗预煮，捞出冷却备用。

以上各种辅料的用量可为主料的2.5%～3%。

胡萝卜：用刀刮去表面一层，去顶及不可食用部分，清洗后，切成小丁或打成浆备用。其用量为主料的5%～6%。

红枣：去核。

枸杞：去杂清洗，吸湿后备用，用量酌定。

(6) 煮制糊化　把准备好的鲜食玉米浆液和其他辅料，按比例置入夹层锅内煮制。

(7) 装罐与脱气　装罐前，对煮制糊化好的粥体进行色泽、体态、滋味和甜度等性状的检验，当达到标准后即可装罐，装罐可采用 380g 马口铁罐做盛装容器。趁热灌浆、脱气和封罐。

(8) 杀菌　采用高压杀菌，杀菌公式为 10′—30′—20′/121℃，即可达到杀菌效果。

(9) 保温、检验与包装　实罐杀菌结束后，逐渐冷却至 35℃，擦净罐体附水，而后保温 7 昼夜，如果检验无变质现象，再经过质检合格后，即可贴标，包装出厂。

(三) 成品质量标准

(1) 感官指标　粥体呈均匀黏稠流动状态，固形物分布均匀；呈暗黄色，固形物与粥体色泽对比协调；具有本产品特有的香气及滋味，无不良气味；细腻、滑润、香甜，入口化渣；无任何外来杂质存在。

(2) 理化指标　净重 380g，每罐允许公差±5%，但每批平均不得低于净重。固形物含量≥60%，可溶性固形物含量≥8%（含糖量为 5%～6%）。

(3) 微生物指标　细菌总数≤100 个/g，大肠菌群≤30 个/100g，致病菌不得检出，无微生物引起的败坏。

九、保健糯玉米粥

(一) 生产工艺流程

原辅料预处理→计量→装罐→注汤→封口→蒸煮杀菌→冷却→擦罐→保温→检验→包装入库

(二) 操作要点

(1) 原料选择　选用获得国家发明专利的苏玉糯 1 号。该品种白粒薄皮，支链淀粉含量高达 98%，黏性足，口感好，易煮烂。一年播收两季，产量高，每季每公顷产量可达 6750～7500kg 子粒；青穗产量可达每公顷 15000～30000kg。

（2）预处理　由于选用的是干子粒，所以，为了提高适口性，必须去掉外皮和帽根（粗纤维）。因采用传统的机械去皮方法有一些缺点，故采用玉米专用去皮剂去皮。这种去皮剂由碱（如氢氧化钠、碳酸钠）、脂肪酸和有机羧酸组成，利用其润湿作用、腐蚀作用、渗透作用，使表皮和根帽从胚乳上分离。在一定的温度下，干玉米在去皮液中浸泡15～20min，去皮液迅速渗入玉米表皮和根帽，破坏蜡质层和纤维层。然后经轻微的机械摩擦，即可使外皮和根帽从胚乳上脱落，漂洗后即可得到胚乳和胚芽完整的全粒态去皮玉米，洁白如玉，似粒粒珍珠。

（3）配方设计　保健糯玉米粥的配方设计原理，是营养互补，粗细搭配，色、香、味、形协调。根据糯玉米的氨基酸限制，通过添加大豆粉使其蛋白质生理效价大大提高，强化保健作用；利用低聚糖为甜味剂部分代替蔗糖，可使制品既具保健功能，又甜味更醇和；添加天然植物，可使制品风味更独特。具体配方如下。

去皮糯玉米15%～17%，大豆粉2.5%～3%，ABC基料2%，低聚糖4%，蔗糖5%。ABC基料主要由增稠剂（琼脂、瓜儿豆胶等）、风味剂（如香兰素、乙基麦芽酚等香料）及天然植物（如红枣、枸杞等）提取液制成。

（4）其他生产工序　制作保健糯玉米粥的其他生产工序，与鲜食糯玉米营养粥基本相同。

（三）成品质量标准

（1）感官指标　粥体呈均匀黏稠流动状态，固形物分布均匀，黏稠基本一致，允许稍有分层现象；具有本产品特有的香气及滋味，无不良气味；口感细腻、滑润、香甜；无任何外来杂质存在。

（2）理化指标　固形物含量≥50%，可溶性固形物含量≥10%。

（3）微生物指标　应符合罐头食品商业无菌的要求。

十、鲜食甜玉米果蔬粥

（一）生产工艺流程

辅料
↓
原料预处理→称重装罐→封罐→杀菌→冷却→成品

（二）操作要点

1. 原料的预处理

（1）甜玉米　将甜玉米粒在0.1%柠檬酸+0.1%食盐溶液中进行热烫，热烫温度95～100℃，时间2min，然后进行冷却。

（2）糯米　将糯米淘洗后，浸泡30min，沥干，进行预蒸熟化5min后，用水冷却。

（3）薏米　将薏米蒸40min，无预冷处理。

（4）胡萝卜　切好的胡萝卜粒放入（95±3）℃的0.1%柠檬酸热水中热烫90s，然后立即用自来水冷却。

（5）菠萝　采用菠萝罐头，将菠萝放在0.2%氯化钙水中泡30min。

（6）马蹄　把马蹄放入0.1%柠檬酸+0.2%氯化钙溶液中，预煮5min后冷却。

（7）椰果　采用复水2h的压缩椰果。

2. 称重装罐

将原料处理后，分别装入288mL容量的塑料罐中，加入配好的汤汁，定量到288g。对于净含量为288g的塑料杯来说，每杯添加的最佳生料量为33%，即每杯生料量95g。其中各原料的配比：甜玉米50g、糯米15g、胡萝卜14g、马蹄20g、薏米5g、菠萝10g；糖水浓度为8%，蜂蜜1%，食盐0.12%（白糖、蜂蜜、食盐量均以加的汤汁量计算）。

3. 脱气封罐、杀菌、冷却

将各种原辅料装入罐中立即进行脱气封罐，然后进行杀菌，杀菌采用115℃、30min。杀菌结束后，经过冷却即为成品。

（三）成品质量标准

色泽黄、白、红搭配美观、具有光泽；具有甜玉米果蔬粥应有的清香和滋味，香气协调，甜度适口，无异味；黏稠度好，固形物之间比例适当、协调，汁液与固形物比例协调，能突出甜玉米＋果蔬粥风格。

十一、小米方便粥Ⅰ

（一）生产工艺流程

小米 → 净化 → 熟化→速冻→干燥 → 方便米粥 → 包装 → 成品
└→速冻粥 → 加热食用

（二）操作要点

（1）原料选择　原料应选单一品种新鲜小米（含水量13%左右），去除杂质净化后，入烘箱中（80℃）烘30min，使水分降低到6%左右（也可用小火炒，使水分降低）。

（2）糊化　将失去水分的米放入沸水中（米水比为1∶4）加盖煮沸1min，继续在95℃以下保持5～8min，使米粒既不爆腰，淀粉又基本糊化。此时水被吸完，再加4倍的90℃温水，加盖保持5～8min，进一步吸水膨胀和糊化。

（3）速冻　将糊化完毕的米捞到冷水（17℃）（或不同风味的溶液也可）中浸渍1min左右，防止成品粘结成块。将浸渍过的米捞出用热微风吹干米表面的水膜，放入－30℃冰箱中，速冻4～8h。

（4）烘干　将速冻的米放在烘干箱于80℃烘干6～10h，即可进行包装。

(5) 包装　将米20～50g装入塑料袋中密封储存。

十二、小米方便粥Ⅱ

(一) 生产工艺流程

小米→挑选除杂→清洗→浸泡→蒸煮→二次浸泡→二次蒸煮→干燥→冷却→成品

(二) 操作要点

(1) 挑选除杂　选择色泽均匀、颗粒饱满、无虫害、无霉变、无杂质的小米为原料。去除杂质后，利用清水淘洗干净。

(2) 浸泡　浸泡目的是使米粒充分吸水，提高糊化速度。浸泡水的温度为40℃，时间为40min。

(3) 蒸煮　蒸煮使小米淀粉充分糊化，同时形成各种挥发性风味物质。蒸煮时间为20min。

(4) 二次浸泡　小米初次蒸煮后，淀粉粒膨胀，吸水性增强，再次浸泡时米饭吸水量很大。浸泡水的温度为80℃，时间为30min。

(5) 二次蒸煮　小米二次浸泡后表面浮水很多，需进行再次蒸煮，提高米粒α化程度，同时减少表面浮水以利于干燥。二次蒸煮时间为40min。

(6) 干燥　熟化后的米饭需立即干燥以防止淀粉老化回生，影响复水效果。干燥过程中形成产品的外观状态和内部架构，影响成品的外观品质、复水特性和感官。具体操作条件为：先110℃干燥30min，然后在80℃干燥100min。干燥后经过冷却即为成品。

本产品色泽黄亮，有小米的香气，采用热水焖泡配合微波加热口感较好。

十三、小米方便粥Ⅲ

（一）生产工艺流程

小米→选择处理→浸泡→蒸煮→脱水→成品

（二）操作要点

（1）原料选择　选择色泽均匀、颗粒饱满、无虫害、无霉变、无杂质的小米为原料。去除杂质后，利用清水淘洗干净。

（2）浸泡　浸泡的目的是为了增加小米含水量，以利于小米的糊化。影响小米糊化的因素有三点：含水量、浸泡水温、浸泡时间。含水量是保证糊化度的关键因素，但作为方便米又必须保证米的颗粒和形状在加工过程中不发生大的变化，即保证米粒的完整性，这样才能使产品的外观与传统米饭接近或相同，因而在生产过程中既要尽量提高米粒的糊化度，又要保证产品的整粒度。经多次试验比较，确定浸泡工序的主要参数：加水量为米的1.2～1.5倍，浸泡时间为60～100min，浸泡温度为35～55℃。

（3）蒸煮　蒸煮工序是为了尽量提高米粒的糊化度，在保证米粒含水量的情况下，蒸煮时间是提高米粒糊化度的关键因子，但蒸煮时间太长又容易使黏度太大，形成“烂米”。初步确定蒸煮时间为30min，小米出锅时喷洒冷却水降温、去黏。

（4）脱水　脱水包括冷冻和热风干燥，冷冻一定要保证足够的时间以使米粒中心能够冻结，但时间过长会造成不必要的能源浪费，试验证明2h就可以。热风干燥须保证米粒在冷冻状态下进行，才能保证米的复水性，温度高可以提高干燥升华速度，试验确定干燥温度100℃，干燥时间为3～5min。干燥机顶端安装有引风机，用于排潮和降低箱体内气压，提高升华速度。产品经干燥脱水后配以辅料即为成品。

（三）成品质量指标

（1）感官指标　米黄色，略带光泽；具有小米稀饭淡香味，无其他异味；滑润柔软，有一定的筋力，无夹生、无硬皮、无粗糙感；米粒完整，整粒率大于90%；粉末状，通过80目筛；无肉眼可见的杂质。

（2）理化指标　含水≤6%，汤料中复水时间8min，糊化度≥90%，砷（以As计）≤0.5mg/kg，铅（以Pb计）≤0.5mg/kg，汞（以Hg计）≤0.02mg/kg。

（3）微生物指标　细菌总数≤300个/g，大肠菌群≤30个/100g，致病菌不得检出。

十四、山珍小米速食粥

（一）原料配方

小米10kg、黄米0.5kg、松子仁0.35kg、山核桃仁0.2kg、糖粉18kg，黄豆、榛子适量。

（二）生产工艺流程

黄豆→破碎
↓
小米、黄米→筛选、除杂→调湿→混合→膨化→烘干→粉碎→调拌→包装→成品
↑
种仁→筛选→烘烤→粉碎

（三）操作要点

（1）原料选择　选择优质的小米、黄米和黄豆。其中黄米α化后具有明显的黏性，用来改善产品的口感；黄豆用来营养强化和给产品一定的豆香味。选用成熟度高的长白山野生当年松子、山核桃原料，并要求无虫害、无霉变。

（2）原料处理　用粮食除杂、磁选和除石设备将小米、黄米和黄豆进行清理，将清理的小米、黄米混合后淋（喷）水调湿，并控制其含水量在20%～22%之间。将黄豆用破碎机破碎至3mm以下的粒度，并筛除种皮后待用。

将纯净的山核桃仁筛除3mm以下粒度的碎仁后，将筛上物分级为2～3个粒度群的物料，并分别进行烘烤，以避免烤不匀的现象。将松子仁、分级的山核桃仁和榛子仁分别送入烤炉内烘烤，烘烤温度控制在170～200℃，烤至种仁变色，香味浓郁而无焦煳时为止，要求烤炉温度均匀，烤盘上种仁厚度在15～25mm之间，且应均匀。将烤后的各种种仁筛除大部分内衣皮屑后，用粉碎机粉碎至通过50目以上的粒度待用。

（3）混合　将调湿后的小米、黄米同处理好的碎黄豆在混合机内混料均匀。

（4）膨化　将混合好的物料送到膨化机中进行膨化，膨化压力608kPa，温度200～250℃。

（5）烘干　利用烘干机对膨化物进行烘干，可快速降低其过高的残余水量，使膨化的淀粉固定，产生烤香味。烘干温度控制在110～120℃，时间为2～3min，使其含水量降至4%以下。

（6）粉碎　将烘干的膨化物经过自然或通风降温后，利用粉碎机粉碎至能通过70目的细粉。

（7）调拌、包装　将膨化粉、种仁粉和糖粉在混合机内拌和均匀，采用自动充填封口对袋式包装机对拌匀后的物料进行包装。

（四）成品质量指标

（1）感官指标　具有纯正鲜明的小米黄色，粉末与细颗粒状，带浅棕色点；具有浓郁的以熟松子仁香为代表的复合香味，无其他异味，冲调后口感舒适，味甜。

（2）理化指标　水分≤4.5%，铅（以Pb计）≤0.5mg/kg，铜（以Cu计）≤10mg/kg，砷（以As计）≤0.5mg/kg，黄曲霉毒

素 B_1≤1μg/kg。

(3) 微生物指标　细菌总数≤1000 个/g，大肠菌群≤30 个/100g，致病菌不得检出。

(4) 冲调性指标　70℃以上热水即可冲调，搅拌均匀即可食用，不起团粒。

十五、孕产妇型小米粥

小米粥是北方孕产妇传统的食物，甚至被视为“月子”里的必备食品。然而传统上它费时费力的加工食用方式及营养不全已满足不了现代快节奏、高营养的生活方式。同时孕产妇易缺钙、铁、锌等微量元素。这里介绍的这种小米粥是以小米、大米、大豆、玉米等功能性粮食为主料，辅以具有滋补、催乳功效的大枣、花生、枸杞子、红糖等，并添加微量元素强化剂和调味剂，采用湿法熟化、粉碎、调配等工艺，开发出的一种食用方便、口感绵滑、营养价值高、适合孕产妇食用的即食小米粥。

(一) 原料配方

小米 28%、玉米 9%、大米 12%、大豆 15%、花生 7%、芝麻 5%、大枣粉 9%、枸杞子粉 3%、白砂糖 7%、红糖 5%，0.1%乙基麦芽酚、0.3%甜蜜素、0.7%乳酸钙、1.2×10^{-4}硫酸亚铁和 1.2×10^{-4}葡萄糖酸锌。

(二) 生产工艺流程

原料→膨化→混合→灭菌→包装→成品

(三) 操作要点

(1) 原料处理　将大枣和枸杞子洗净后沥干，在 65℃的温度下进行干制，并趁热分别进行粉碎，过 50 目筛取粉备用；将花生和芝麻分别烘烤或焙炒至有浓郁的芳香味，破碎，粒度达到2.0mm。

（2）原料膨化　将小米、大米、大豆和玉米按配方的比例进行混合，加水调成含水量为14%～15%的混合物料，送入膨化机中进行膨化。膨化温度125℃，压力0.8MPa，转速300r/min。混合物料膨化后利用粉碎机粉碎成粉状物料。

（3）混合、灭菌　将上述经过处理的小米、大米、玉米、大豆粉和大枣、枸杞子、花生、芝麻等混合均匀，并添加各种添加剂，采用紫外线进行灭菌，灭菌后经过包装即为成品。

十六、杯装黄小米粥

（一）生产工艺流程

原料→预处理→清洗→煮料及调配→灌装→检验→成品

（二）操作要点

（1）原料选择　黄小米要求无霉变、虫蛀现象，存放期不超过1年，大小均匀，色泽正常、鲜亮有光泽，无杂质。

（2）预处理　利用圆孔筛去除原料中的糠粉，人工去除肉眼可见的杂质。

（3）清洗　黄小米经过预处理后，用清水淘洗干净备用。

（4）煮料及调配　在煮料前，将清洗后备用的黄小米投入煮粥锅中，加入经过净化处理好的自来水，并定好容，打开汽阀，煮料一段时间，之后加入白砂糖等物料，再煮一定时间，结束煮料，把煮好的物料压送到高位槽，同时打开高位槽的搅拌机，慢速搅拌。

黄小米粥的最佳配方：黄小米用量9.0%，白砂糖用量4.0%，羧甲基纤维素钠用量0.15%，阿斯巴甜用量0.04%，其余为经净化处理的饮用水。煮料条件：121℃高温、0.1MPa高压煮制30min。

（5）灌装　把物料趁热灌装于耐温塑料杯中。

（6）检验　将灌装后的黄小米粥进行净含量等指标的检验，合格后入库。

十七、小米绿豆速食粥

（一）生产工艺流程

小米→预处理→煮米→蒸米→冷水浸渍→干燥
绿豆→预处理→煮豆→蒸豆→干燥
甘薯淀粉+其他辅料→混合→造粒→干燥
→混合→配比→成品

（二）操作要点

1. 速食米的制备

经过试验证明，速食米打浆制备工艺条件为，将小米放入温水中浸泡10min，利用80℃的热风干燥30min，取出后放入锅中先煮6～7min，然后利用冷水浸渍1～2min，再利用100℃蒸汽蒸10min，取出后在50～80℃的干热条件下连续烘干30min，得到颗粒完整、半透明的速食米。采用上述工艺条件，小米经过一湿一热处理，米粒内外的水分平衡在短时间内引起突然变化，这种变化引起了米粒内部局限性裂纹的产生，有利于煮米和复水时水分的吸收。

2. 速食绿豆的制备

（1）煮前预处理　绿豆煮前不作任何处理，直接加热软化，需40～50min才能软化，虽也可达预期要求，但从能源角度考虑不够合理。所以，采用将绿豆利用90℃的热水浸泡30min进行软化，其效果较好。

（2）煮豆　热水浸泡后将绿豆取出，放入100℃沸水锅内保持沸腾状态13～15min，煮至绿豆无明显硬心又不致过度膨胀为止，切勿煮开花。

（3）蒸豆　将煮好的绿豆沥尽水分，放入蒸汽锅内，用100℃蒸汽猛蒸10～15min，至绿豆彻底熟化，大部分裂口为止。蒸时一定要保持汽足，使绿豆多余水分迅速逸出，形成疏松多孔的内部结构，以增加其复水性。

3. 糊料的制备

为防止小米在熟制过程中部分黏性物质随汤流失，降低成品的黏稠性和天然风味，将煮米的米汤蒸发至适量，然后加入甘薯淀粉进行造粒，放入80℃热风中连续进行干燥。

4. 配比

将速食米、速食绿豆和甘薯糊料按6∶2∶3的比例混合进行复水，沸水煮制3～5min，就可得到色泽淡黄、悬浮性良好，口感软绵、疏松、耐嚼，美味可口的小米绿豆速食粥。

十八、小米南瓜快餐粥

（一）生产工艺流程

软玉米糁
↓
南瓜→清洗→去皮去瓤→切块→干燥→混合膨化→粉碎→过筛→软玉米南瓜粉
↓
小米→淘洗→浸泡→脱水→熟化→脱油→α-小米→混合调配→南瓜小米快餐粥

（二）操作要点

1. α-小米的制备

选择色泽均匀、颗粒饱满、无虫害、无霉变、无杂质的小米为原料。利用清水淘洗干净后，放入60～70℃的温水中浸泡24h，加水量不宜太多，以水面浸没小米1～2cm为宜，以免损失小米中的营养成分，使小米的含水量达到40%左右时为止。这样脱水后米粒酥松，复水性好。将浸泡好的小米利用筛网沥干水分，然后利用起酥油对小米进行油炸，使小米脱水、熟化。脱水温度以180℃左右为宜，在此温度下脱水，米质酥脆，无焦味，复水性好。然后对小米进行脱油，得到α-小米。因为小米脱油后，含油量降低，易于保存，而且符合传统风味。

2. 软玉米南瓜粉的制备

选择内部呈金黄色，味较浓，无虫蛀、无霉变的南瓜为原料。利用清水将表皮清洗干净后，用刀去皮去瓤，切成5mm左右的小块，然后利用热风干燥机对其进行干燥，干燥温度为65～85℃，若温度太低，干燥速度太慢，易腐烂变色。若温度过高，易产生焦味，破坏南瓜的色香味。

将预先进行软化的玉米糁和干燥后的南瓜块按5∶1的比例进行混合，然后送入膨化机中进行膨化，为达到较好的膨化效果，膨化温度控制在180℃左右，将膨化好的混合料，利用粉碎机进行粉碎，并过40目筛，即得软玉米南瓜粉。

3. 混合调配

将上述制得的软玉米南瓜粉和α-小米按照一定的比例充分混合后，即得成品南瓜小米快餐粥。食用时用热水冲调即可食用。

十九、方便营养米菜粥

（一）原料配方

黄玉米糙100kg、小米30kg、红小豆20kg、胡萝卜80kg、番茄20kg、山芹菜60kg、白砂糖及复合抗老化剂适量。

（二）生产工艺流程

```
                                   蔬菜丁、糖液     水
                                        ↓           ↓
玉米糙→浸泡→蒸煮┐
红小豆→浸泡→蒸煮┼→配料混合→装罐注液→排气封盖→杀菌→冷却→
      小米→浸泡┘
```

保温检验→包装→成品

（三）操作要点

(1) 原料选择及处理　选用吉林产蜡质黄玉米加工的优质玉

米粒，要求无脐无杂，粒度在3.5～4.5mm之间。将其在温水中浸泡40min后捞出，再将其与适量水一起在加压蒸煮锅内蒸煮，蒸煮压力101kPa、时间1.3～1.5h。蒸煮至成饭状为准。

将红小豆经风选、筛选和磁选去除各种杂质，用水淘洗2次后置于水中浸泡2～3h后捞出，再将其与适量的水一起置于蒸煮锅中在100℃下进行常压蒸煮，蒸熟为止，取出稍凉即可进入下一工序。

选择吉林当地的小米经去净麸质和杂质后，浸泡4～5h，捞出待用。

选择橘红色的胡萝卜，清洗修整后再用清水清洗干净，切成5mm见方的小块，置于炒锅中加油炒制，至七成熟即可。

采用长白山野生柔嫩的山芹菜，挑选除杂，取用其茎梗并清洗干净，再用95℃水烫1.5min后用冷水漂洗，将漂洗后沥除表面大部分水分的菜茎横切成10mm长的小段待用。

将番茄用清水清洗干净后热烫除去表皮，再切成7mm大小的块。白砂糖加热水溶化过滤待用。

（2）混合配料　将浸泡好的小米，蒸熟的玉米粒、红小豆，加工好的菜丁按原辅料配比在夹层锅内混拌均匀，边混拌边加入复合抗老化剂（主要由大豆磷脂组成，已调制好的，添加量约为0.25％）和糖液，拌匀为止。

（3）装罐注液　选用质轻坚固的铝合金易开罐为罐装容器，其顶盖设有一塑料外套盖，套盖内侧高装有折叠式粥勺。按粥食的配比定量装入拌好的米料与菜料混合物，再补注净水，留足顶隙。

（4）排气封盖　将装好料的罐头在自动真空封口机上于60～66kPa真空条件下排气封罐，之后擦净罐身。

（5）杀菌、冷却　将封盖后的罐头在杀菌锅内进行杀菌，其杀菌公式为10′—40′—10′/121℃。杀菌结束后冷却至稍高于室温即可。在杀菌过程中和施加反压过程中均应保持渐变，使罐内外的压差保持在允许的范围内，以避免影响封口的致密性和造成罐头变形。

(6) 保温检验与套盖　将杀菌冷却后的罐头置于保温库内在37℃±2℃的温度下保温7昼夜，除正常进行抽检其他指标外，打检合格者套扣塑料顶盖，即为成品。

（四）成品质量指标

(1) 感官指标　纯正的米黄色基调中均布着红绿色果蔬块；具有明显可辨的玉米、小米风味，较突出的山芹菜特色风味，口感甜中微酸，有适口的稠厚感；米菜块粒与汁液混置，有一定的流动性，长期静置状态下允许有一定程度的块粒沉淀。

(2) 理化指标　每罐净重375g，公差±2%，每批平均净重不低于375g；总固形物含量≥18%，锡（以Sn计）≤200mg/kg，铅（以Pb计）≤1mg/kg，砷（以As计）≤0.5mg/kg。

(3) 微生物指标　无致病菌和其他微生物引起的腐败现象。

二十、宫廷栗米茶羹

（一）原料配方

小米50kg、栗子15.4kg、绿豆9.2kg、芝麻1.9kg、核桃仁231g，秋子仁、花生各77g，南瓜子仁38.5g，白糖（或红糖）、青丝、玫瑰各适量。

（二）生产工艺流程

选料→去皮及杂质→淘洗→蒸料→日晒→粉碎→过筛→蒸料→晒料→粉碎→过筛→烘干→混合→烘干→分装→包装→成品

（三）操作要点

(1) 选料　各种原料均选用当年新生产的，无霉变、无杂质、无虫蛀、无农药及无其他有害物质污染的原料。

（2）原料处理　精选当年生长收获的谷子，碾成米，陈旧谷子新碾的米也可以，但陈旧小米尽可能不用；栗子收获后晒一下，当黑棕色硬皮壳失水出现皱缩，用脱壳机或石碾脱去黑棕硬壳和内膜后备用；绿豆用脱粒机或碾子碾去外皮待用；核桃和秋子选当年秋天收获的为好，晒干用锤砸开硬壳，用尖锐工具挖出肉仁（可食用部分）；南瓜子和花生碾去外面硬皮，取仁，花生去掉内仁的红皮；青丝、玫瑰市场上有售，一定要保证质量。

（3）淘洗　小米用自来水反复冲洗，淘洗去掉杂质和砂土，晒干；芝麻用文火炒至芝麻微黄；核桃仁、花生仁、南瓜子仁、秋子仁一定要细心拣出碎小硬皮，然后各自分别用文火炒至彻底熟透为止。如核桃仁块大可用手直接掰成小块即可。

（4）蒸料　将小米、绿豆、栗子各自分别放入笼屉内，锅内放水要适量，用火加热。开锅上大汽计算时间，一般蒸 10～15min，取出散在日光下曝晒，直到外表干燥为止，用手挤压能成面为准，如用手挤压成饼，说明太湿，要继续晒。有条件的可用烘箱或烘房干燥。

（5）粉碎、蒸料　取上述晒好的原料，用碾子或粉碎机粉碎，过筛。由于原料蒸后，已成七八分熟，容易回生。粉碎成面后再各自分别放入笼屉中，用文火蒸，以上大汽计算时间，蒸 15～20min，尽量蒸透料。然后取出散开，晒干或烘干，当原料面彻底干燥后，过筛，小块再粉碎过筛。

（6）混合、烘干、分装　按配方比例准确称取各种原料，充分混合均匀，然后用文火再炒一下，使其稍微变微黄为止。火大料内一些芳香物质容易挥发掉，影响产品香味，炒完料后就可以进行分装。采用无毒的聚丙烯或聚乙烯小塑料袋分装，可分为 100g、250g、500g、1000g 等不同规格，分装时一定要保证在无菌条件下进行，工作人员要有良好的卫生习惯和无菌观念，然后再进行大包装。

（7）保存　本产品最易吸潮，一旦吸潮就容易结块，很快会变质。应置于通风干燥处和低温下保存。

（四）成品质量指标

口感良好，色好味香，有降火解毒防暑作用，并能增强心脑血管弹性，补脑健脑，有益健康。

二十一、山珍风味高粱米方便粥

（一）原料配方

高粱米 10kg、大黄米 2kg、松子仁 0.5kg、山核桃仁 0.25kg、红枣粉（干）0.5kg、糖粉 1.5kg。

（二）生产工艺流程

红枣粉、山核桃粉、松子仁粉
↓
高粱米、大黄米→筛选除杂→调湿→混合→膨化→烘干→配料调拌→冷却→包装→成品

（三）操作要点

（1）原料选择　选用质优、成熟度高的吉林产高粱米和大黄米。其中大黄米经热加工 α 化后具有良好的黏性和质地，用来改善高粱米食品的口感。选用长白山当年松子和山核桃的成熟质优种仁为山珍营养风味辅料。选用红枣粉赋予产品枣甜风味。

（2）原辅料处理　用粮食除杂、磁选和除石等设备分别对高粱米、大黄米进行前处理。将清理好的高粱米、大黄米分别喷水调湿，并保持 2～3h 的湿润过程。要求喷湿过程中要翻匀米料。控制湿润后的高粱米含水量 22%～24%，大黄米含水量 18%～19%。

将松子仁置于 40～45℃的密闭条件下 24h 处理后，稍用力搓除种仁内衣，再用重力筛分即得乳白色的种仁。将山核桃仁筛除 3mm 以下粒度的屑粒并分级为 2～3 个粒度群待烘烤用，以避免烤

不匀现象。将松子净仁和分级的山核桃仁分别在170～200℃温度下烘烤，烤至种仁发黄、香味明显、有一定光泽和透明感时而止。要求烤炉温度分布均匀，烤盘上种仁厚度在15～25mm之间。对烤好的山核桃仁筛除种仁皮屑。采用机械切割原理的粉碎设备对烤好的种仁粉碎，粉碎至通过50目的粒度待用。

(3) 混合膨化　在混拌机内将湿润后的高粱米、大黄米混匀并连续送入挤压膨化机加压膨化。膨化机内压力为0.98MPa，挤压温度为180～210℃。

(4) 烘干　采用圆筒式烘干机在110～120℃的温度条件下对物料进行烘干，时间为2.5～3.5min。使其过高的残余水分降至4%以下，从而使淀粉加热固定，并有产生烤香的作用。

(5) 粉碎　对膨化后的物料先进行自然降温，再用粉碎机粉碎至能通过70目的细度。

(6) 配料调拌与包装　将膨化粉、熟种仁料、红枣粉和糖粉在混合筒内混拌均匀，再用自动计量、装填封口袋式包装机进行包装。要求冷却后再包装。产品经过包装后即为成品。

(四) 成品质量指标

(1) 感官指标　具有纯正的高粱米热加工后的浅棕红色，粉粒状，均匀分布较大粒度的熟松子仁和山核桃仁颗粒；具有明显的熟山珍果仁的烤香和红枣的甜味，具有较明显的高粱米食品的风味，适口和有一定的黏稠感。

(2) 理化指标　水分≤4%，铅（以Pb计）≤0.5mg/kg，铜（以Cu计）≤10mg/kg，砷（以As计）≤0.5mg/kg，黄曲霉毒素B_1≤1μg/kg。

(3) 微生物指标　细菌总数≤1 000个/g，大肠菌群≤30个/100g，致病菌不得检出。

(4) 冲调性指标　80℃以上热水冲调复水良好，不起团块。

二十二、双歧大麦速食粥

双歧大麦速食粥是以大麦为主要原料，配以双歧因子等辅料，以挤压膨化工艺加工而成，它充分保留了大麦的营养保健价值，并改善了大麦的不良口味，食用方便，为消费者提供了一种很好的大麦速食食品。

（一）生产工艺流程

原料→粉碎→调整→挤压膨化→烘干→粉碎→调配→包装→成品

（二）操作要点

(1) 原料　大麦选择无霉变的新鲜大麦，去杂质，去皮。为改善产品外观及口感，原料中添加10%左右的大米粉。

(2) 粉碎　为了适应挤压膨化设备的要求，大麦、大米都要粉碎至60目左右。

(3) 调整　将大麦粉、大米粉按比例混合搅拌均匀，测其水分含量，为保证膨化时有足够的汽化含水量，最终调整水分含量为14%，搅拌时间为5～10min，使物料着水均匀。为改善产品的即时冲调性，在物料中加入适量的卵磷脂，以提高产品冲溶性。

(4) 挤压膨化　选用双螺杆挤压膨化机，设定好工艺参数，将大麦等原料进行膨化处理，使物料在高温高压状态下挤压、膨化，物料的蛋白质、淀粉发生降解，完成熟化过程。试验证明理想的工艺参数，物料水分为14%，膨化温度Ⅰ区130℃、Ⅱ区140℃、Ⅲ区150℃，螺杆转速为120r/min。

(5) 后处理　膨化后产品水分含量在8%左右，通过进一步烘干处理，可使水分降低至5%以下，以利于长期保存，干燥后的产品应及时进行粉碎，细度80目以上。

(6) 调配　膨化后的米粉为原味大麦产品，略带煳香味，无甜味，通过添加10%～15%的双歧因子（低聚异麦芽糖等低聚糖）

来改善产品的口味。

(7) 包装　上述调配好的产品应立即进行称重，并进行包装、密封，防止产品吸潮。经过包装的产品即为成品。

二十三、速食燕麦米粥

本产品是采用新鲜、干燥、无霉变裸粒或去壳燕麦和大米为原料，以变性淀粉及各种粉末汤料为辅料生产而成。

(一) 生产工艺流程

燕麦→去表皮→粗碎→加热膨化→冷却→切断→压制→干燥
↓
大米→浸渍→蒸汽加热→冷却→膨化→切断→干燥→调和配料→包装→成品

(二) 操作要点

(1) 大米浸渍、加热　将大米用净水浸渍 1.5～2h，捞起沥干，15min 后送入蒸汽锅内用 117.6kPa 的蒸汽进行加热，时间为 7min，然后取出稍冷却。

(2) 膨化　将温热米粒送入挤压膨化成型机，通过高压加热，使米粒淀粉进一步 α 化。适宜的加热温度为 (200±5)℃，挤压膨化时间为 85s。通过挤压膨化，米条形成细微的孔隙。

(3) 切断　将膨化米条送入连续切断成型机中，切碎成直径为 2mm、长 3mm 左右的颗粒。

(4) 干燥　将膨化米粒送入连续式热风干燥箱中，在 110℃ 烘干 1h 左右，使颗粒含水量＜6%，出箱冷却后盛装于密封容器中备用。

(5) 燕麦去皮、粗碎　将燕麦（含水量＜6%）用碾米机磨去表皮，要求出糠率控制在 3%～5%，然后将麦粒送入离心旋转式粉碎机中粉碎，粉碎后过 20 目筛，制得粗燕麦粉粒，向粗燕麦粉粒喷上适量的水雾，同时搅拌，使吸水均匀平衡。

（6）加热膨化、切断　将粗燕麦粉直接通过挤压成型机，加热膨化温度为200℃左右，时间70s，挤出的燕麦粉条引入连续式切断成型机中，切成米粒大小的颗粒。

（7）干燥　把膨化燕麦粉粒送入热风干燥箱中，在110℃温度下烘至含水量5%以下备用。

（8）调和配料　按产品销售地区饮食习惯不同，将上述两种颗粒按一定比例混合。一般膨化米粒与麦粒的比例按6：4混合较宜。

（9）包装　混合颗粒用聚乙烯袋或铝箔复合袋按75～90g不同净重密封包装。内配以不同味型的粉末汤料（如葱花型、虾酱型、香菇型、甜味型等），汤料亦单独小袋密封包装。产品经过包装后即为成品。

二十四、快食米粥

本产品采用新鲜、无霉变的早米或晚米（大米的含水量小于5%）为原料制成，同时辅以各种味型粉末汤料。成品添加4～5倍的开水焖盖4～5min，米粒迅速复水膨润，少量淀粉渗出米粒糊化，表观与口感均优于普通米粥。

（一）生产工艺流程

大米捞洗→晾干→磨粉→挤压膨化→切碎→冷却→干燥→配汤料→成品包装

（二）操作要点

（1）大米捞洗、晾干　利用清水对大米进行淘洗，然后浸泡约半个小时，至含水量约40%，捞起沥干。

（2）磨粉　将沥干水分的大米用离心旋转式磨粉机进行粉碎，然后过100目筛得大米粉。

（3）挤压膨化　将上述制得的大米粉连续进入转鼓式挤压膨化

机中进行加热膨化。机内温度控制在200～210℃，膨化时间为75～100s。

(4) 切碎、冷却　将挤压出的米条引至切碎成型机中，切碎成普通米粒大小的颗粒，稍冷却。

(5) 干燥　将膨化米粒送入连续式热风干燥箱中，于100～110℃下进行干燥，至米粒含水量小于6%即可。

(6) 配汤料、包装　根据大众口味习惯，将制品入聚乙烯袋制成80～100g的包装，配以不同味型的粉末汤料，如甜味、牛肉味、香菇味等。汤料用小袋单独密封包装。产品经过包装后即为成品。

二十五、软包装即食米粥

(一) 生产工艺流程

白糖→溶解→过滤→汤汁配制→过滤
↓
原料→处理→预煮→冷却→选别→混合→装袋、充填→封口→杀菌→X光机检测→检验→包装→成品

(二) 操作要点

(1) 原料预处理　将桂圆去皮去核切分后，再经精选，去除品质或粒度不规则的部分，用清水洗去碎屑和杂质；莲子去心，精选后，用清水洗去碎屑和杂质；鸡心枣、甜玉米经清水洗去表面杂质。主要原料清洗挑选完后，加水量为原料总量的14倍，在温度95℃水中预煮30min，随后用流动冷水快速冷却。

精选粳米，去除其中的杂质和霉变、虫蛀的颗粒，添加0.2%单甘酯，在231 W的微波功率条件下加热处理7min，以使粳米粉糊化充分，能够有效抑制其返生。微波加热处理后，用温度30℃水浸泡90min，浸泡时水与粳米的质量比为1.5∶1，浸泡是为了增加粳米的含水量，以利于糊化，再以流动的冷水冲掉粳米表面的

污物。

（2）汤汁配制 将一定量的蔗糖加入到在高速溶糖罐中，逐渐加入开水，当开水完全浸没白糖后，打开快速搅拌器，并继续加入开水至水糖质量比为 4∶1，直至白糖全部溶解后进行过滤。将滤后的糖浆输送到调配罐中，加入适量的开水和稳定剂，同时不断搅拌，直至完全溶解。

（3）装袋、充填、封口 将处理后的物料定量装入软包装袋中，并充填适量的汤汁，即刻用封口机热封包装袋。采用 PET/AL/NY/CPP（由外向内）复合蒸煮袋。

各种原辅料的配比：粳米 11.36%，鸡心枣 0.76%，桂圆 0.38%，莲子 0.76%，甜玉米 1.52%，蔗糖 6.5%；复配增稠稳定剂的最佳配比：0.03%CMC-Na、0.03%海藻酸钠和 0.02%黄原胶；其余为饮用水。

（4）杀菌与冷却 由于该产品为中性食品，必须采用高压杀菌，方能保证产品的安全性。采用 15′—40′—15′/121℃的杀菌方式，以满足产品的安全杀菌要求。冷却温度一般应控制在 40℃左右，温度过高会影响内容物的品质，温度过低则不能利用余热蒸发水分。产品冷却后经过检验，合格者即为成品。

二十六、黑米粥

（一）原料配方

黑粳米 60%、白糖 20%、黑芝麻 10%、核桃仁 5%、花生仁 2.5%、瓜子仁 2.5%。

（二）生产工艺流程

白糖（↓加入粉碎过筛后）；辅料→烘烤→粉碎（↓加入粉碎后）

黑粳米→精选除杂→粉碎过筛→挤压膨化→粉碎→混合搅拌→计量包装→成品

（三）操作要点

（1）选料　选择无虫蛀、无霉变、新鲜、清洁的黑粳米及各种辅料，白糖不能结块。

（2）精选除杂、粉碎过筛　除去黑粳米中的砂石等杂质，然后和白糖一起放入粉碎机中进行粉碎，将粉碎物过 80 目网筛。

（3）挤压膨化　将处理过的原料进入挤压膨化机，在 150℃以上温度瞬间膨化，切成 1cm 长的圆柱。

（4）粉碎　把膨化切条后的料送入粉碎机中进行粉碎。

（5）制辅料　将辅料放入烘箱，升温至 150℃，至烤熟并产生香味，总烘烤时间为 30min 左右，然后取出粉碎备用。烘烤黑芝麻、核桃仁、花生仁要掌握好火候，否则影响产品的滋味。花生烤熟后要去掉红衣，核桃烘烤前要在沸水中焯一下，以去掉涩味。

（6）混合　将已膨化和粉碎处理过的主料与配料按比例投入搅拌机搅拌混合均匀。

（7）计量包装　采用塑料薄膜袋热合封口包装，每小袋装 45g，每 10 小袋为 1 大袋，外用纸盒包装，并加玻璃纸密封。

（四）成品质量标准

（1）感官指标　为浅紫黑色，沸水冲溶后，仍保持原色，具黑米特有的天然风味，粉状、干燥、松散、无结块，沸水冲调后搅拌均匀呈糊状，口感细腻，香甜可口。

（2）卫生指标　砷（以 As 计）≤0.5mg/kg，铅（以 Pb 计）≤1.0mg/kg，铜（以 Cu 计）≤10mg/kg，细菌总数≤2000 个/g，大肠菌群≤40 个/100g，致病菌不得检出。

二十七、富含花色苷发芽黑米速食粥

本产品是以发芽黑米制成，其成品香味浓郁，顺滑爽口，品质良好，开水冲泡 5min 即可食用。

（一）生产工艺流程

发芽黑米制备→加水第1次高压蒸煮→保温→加开水第2次高压蒸煮→压片→热风干燥→成品

（二）操作要点

（1）富含花色苷发芽黑米的制备　选用品种为黑米良种福紫657，砻谷后选用饱满完整的糙米，放入容器中将水刚好浸没米粒，在29℃下浸泡22h，期间换水1次，将浸泡后的黑米放入湿纱袋中，于30℃的恒温箱中，直至黑米芽长为1mm，制备出富含花色苷的发芽黑米，GABA（γ-氨基丁酸）含量23.51mg/100g，花色苷含量110.7mg/100g。

（2）第1次蒸煮、保温　称取一定质量上述制备的发芽黑米。制得的发芽黑米不要烘干直接备用，加入一定比例水高压蒸煮5min，让黑米预糊化，高压蒸煮结束进行保温，保温可以让黑米充分吸收水分，使水分渗入淀粉分子间，保温时间为103min。

（3）第2次蒸煮　保温结束后加入1.3倍的开水第二次高压蒸煮5min，二次高压蒸煮可以使淀粉分子在一定的温度下充分糊化。

（4）压片、热风干燥　蒸煮完后对物料进行离散后压片，热风循环烘箱中78℃热风干燥，干燥结束后待物料冷却，进行包装即为成品。

二十八、方便大米粥Ⅰ

方便大米粥是以大米为原料，经一系列工序生产的方便食品，在制造过程中使大米完全α化，食用时只需在水中稍加浸泡即可。

（一）生产工艺流程

原料清理→减压干燥→煮沸→水洗→冷冻干燥→成品

（二）操作要点

（1）原料清理　为充分保证成品的质量，要清除大米中的各种杂质。

（2）减压干燥　减压干燥通常是在真空干燥机中进行的，其目的是使米粒产生细孔和细微龟裂，这样，在后面的加工过程中就不会发生破裂，米粒能够膨胀，具有多孔组织，通过冷冻干燥后的制品复原性好。通常含水量为14%左右的大米，通过减压干燥，使水分含量降到12%～13%，使米粒表面龟裂率达到90%以上，一般干燥时间为30min。

（3）煮沸　将经过上述处理的米粒直接投入到沸水中。煮沸用水量同米的质量比为8∶1。煮锅加盖以后，用100℃左右温度煮1～2min，再用95℃左右温度开盖继续煮20～40min，使米粒进一步膨胀，促进淀粉α化，接着再次加盖，停止加热放置30min，此时米粒无损坏，剩余热水几乎全部被米粒吸收，进一步促进淀粉α化，米粒体积为一般饭粒体积的2倍。

（4）水洗　为了抑制淀粉回生老化，立即将膨胀熟的米粒取出，迅速放入室温或室温以下的冷水（水温10℃）中充分水洗，洗掉米粒的黏液，防止冻结干燥的制品复水还原性降低。水洗后的米粒，晾干后在1%左右的食盐水中浸泡，适当搅拌。盐水浸泡的目的是利用食盐的渗透压的作用，排除米粒中的多余水分，使冻结干燥后的产品具有较好的复水还原性，盐水处理后再次晾干。

（5）冷冻干燥　将米粒放入真空干燥机中，用－30℃温度冻结后，在80℃条件下进行真空干燥12h，即得水分为2%的干燥产品。

这种产品性状上基本保持了米粒的原形，保持了大米粥原有的风味。此种产品食用方法是将30g产品放进250mL热水或温水中，保持2～3min，即可成为大米粥。这种方便大米粥放在防潮容器中可长期贮存。

二十九、方便大米粥Ⅱ

（一）原料配方

按生料量为100g左右计算，其中黑米为66g，糯米为34g，添加净重量10%的红糖和稳定剂（CMC-Na∶海藻酸钠∶黄原胶∶琼脂为0.10%∶0.10%∶0.05%∶0.02%），水2.5L。

（二）生产工艺流程

糖、稳定剂、水
↓
原料→筛选→清洗→浸泡软化→煮制→装罐→封盖→成品

（三）操作要点

（1）原料　市售黑米、糯米，原料品质要求达到一级以上，无霉变、虫蛀，新鲜（存放期不超过1年），大小均匀，色泽鲜亮，黑米色深有光泽，无杂质。

（2）筛选　分别将黑米、糯米经人工挑选去除不良颗粒及夹杂物。

（3）清洗　用冷水分别将黑米、糯米淘洗，去除表面的杂物、灰土及残留农药。另外，将一次性塑料空罐清洗干净后，倒置沥干，以便下一步加工。

（4）浸泡软化　将黑米浸泡在30℃的水中2h，水∶米=2∶1。

（5）煮制　量取一定量的水倒入锅中，进行加热，当水温达到60℃时，将糯米和浸泡好的黑米（含浸泡黑米的水）一起加入锅中，加大热量的供应使其迅速烧开，烧开后煮约15min加入红糖，然后用文火慢慢煮制，煮熟前加入调配好的稳定剂。全部的煮制时间大约是1.5h，这时粥汁即成稳定的溶胶状态。

（6）装罐、封盖　将成品稍冷进行装罐，罐中心温度约60℃，装罐后立即进行封盖，经冷却后即为成品。

（四）成品质量标准

（1）感官指标　粥具有黑米的特殊香气，颜色是紫红色，黏稠适中，均匀一致，可明显分辨出粥的各种原料，无固液分离现象，不含任何色素及防腐剂，常温下可以长期保存。

（2）理化指标　总固形物18%～20%，总糖10%～12%，pH 7左右，砷（以As计）≤0.3mg/kg，铅（以Pb计）≤0.5mg/kg，铜（以Cu计）≤5.0mg/kg，锡（以Sn计）≤150mg/kg，食品添加剂符合GB 2760—2014规定。

（3）微生物指标　细菌总数≤150个/mL，霉菌与酵母总数≤10个/mL，大肠菌群≤6个/mL，致病菌不得检出。

三十、蒸煮冷冻干燥方便粥

这种方便粥的预处理可以采用两种不同的方式，一种是先进行焙炒处理后进行蒸煮；另一种是先进行真空处理后进行蒸煮。

（一）生产工艺流程

大米选择及处理→真空处理或焙炒→蒸煮→漂洗→沥水晾干→冷冻干燥→成品

（二）操作要点

（1）原料选择及处理　生产原料可选用糯米或粳米，也可以将两者混合使用。使用糯米时要求含水量在13%左右，使用粳米时要求含水量为14%左右，对于选用的原料要除去米糠、碎石、铁屑等杂质。

（2）真空干燥或焙炒　将需要处理的大米送入真空干燥机

中，真空度保持在 27Pa，干燥时间为 30min，使其含水量由 13%～14%降至 12%～13%，质量减少 2%～3%，米粒表面龟裂率达 90%～100%。由于采用真空干燥处理，米粒产生细孔和细微龟裂，从而使米粒在蒸煮过程中不会发生破裂损坏，产品复水性好。

采用焙炒处理是将大米送入炒锅中用文火炒至含水量为 5%～7%，使大米产生细孔和微小龟裂，以便在蒸煮时充分吸水膨胀，有利于淀粉的 α 化，总的焙炒时间为 30min 左右。

(3) 蒸煮 将经上述处理的米粒，投入其本身重量 8 倍的沸水中，加盖煮沸 1～2min。煮沸结束后，打开盖，继续用 95℃左右的温度加热 20～40min，使米粒进一步膨胀，促使淀粉糊化。

(4) 漂洗、沥水晾干 为了抑制蒸煮后米粒淀粉的回生，应将其立即投入室温或低于室温的水中进行漂洗，去除米粒间的黏液，否则干燥后的产品复原性非常差。将漂洗后的米粒晾干，用 1%的食盐水浸渍，以排出米粒中的多余水分，使产品的复原性更为理想。经处理后的米粒体积为普通米饭的 2 倍。

(5) 冷冻干燥 冷冻干燥的目的是将糊化的米粒制成具有多孔性微小结构的干品。将水洗、盐水处理后的大米置于真空冷冻干燥机中，以－30℃冷却后，在 80℃、真空度 40Pa 条件下干燥 12h，制得水分含量为 2%、密度为 0.12g/cm^3 的方便米粥产品。食用时，将上述 30g 干制品放入 250mL 热水（90℃以上）或温水（60℃）中，保持 2～3min 即能调制出并不比普通米粥逊色的方便粥。

三十一、挤压成型方便粥

（一）生产工艺流程

大米选择及处理→淘洗→浸渍→蒸煮→调湿→挤压膨化→切割→干燥→

成品

（二）操作要点

(1) 大米选择及处理　选用糯米、粳米或糯米、粳米混合使用，将原料淘洗干净后，在水中浸泡 1h，使其含水量达到 25%～30%。

(2) 蒸煮　原料沥干水分后，添加大米量 0.2%的蔗糖酯混合均匀，在 115℃蒸煮 10min，使淀粉糊化。

(3) 调湿　经过蒸煮的米饭含水量在 30%～40%，如果直接进行挤压膨化，因制品水分高，往往容易黏附在机器上影响生产，或成型后制品粘连在一起，影响制品的质量和得率。所以，利用 60～80℃热风干燥机将蒸煮米的水分调整到 26%左右。

(4) 挤压膨化　利用挤压膨化机进行挤压成型。挤压膨化机余热温度为 180℃，时间为 20～30min，螺杆转速为 60r/min，最终膨化温度为 150℃左右。

(5) 切割、干燥　膨化的原料经过冷却后，切割成 4mm 长的颗粒状（与米粒大小类似）。将切割后的成型颗粒利用 60～80℃的热风将其水分干燥至 14%左右，最后再利用 230℃热风干燥 20s 即得成品，干燥后产品的水分为 3%～4%。

第二节　豆类粥加工技术

一、无油绿豆小米方便粥

（一）生产工艺流程

小米→煮沸→蒸制→速冻→干燥→α-小米
↓
绿豆→淘洗→浸泡→蒸制→速冻→干燥→α-绿豆→混合调配→成品

（二）操作要点

1. α-小米的制备

（1）原料选择及处理　选择色泽均匀、颗粒饱满、无虫害、无霉变、无杂质的小米为原料。利用清水将小米淘洗干净。

（2）煮沸　将淘洗干净的小米放入水中进行煮沸，时间为5min，使小米达到无硬心、不粘块、复水性好。

（3）蒸制　蒸制的作用主要包括两方面，一方面是提高米粒的糊化度，进一步提高成品的复水性；另一方面是高温高湿干燥，去除米粒间的多余水分，防止黏糊，同时保持米粒结构的完整性，不变形。蒸制时间为30min左右，蒸后的米粒完全熟化，又容易分散开，复水性好。

（4）冷冻、干燥　将蒸制后的小米在－40～－30℃的低温条件下，进行速冻，使米粒内外完全冻结，然后在鼓风恒温干燥箱中升华解冻3～5min，解冻温度为150～170℃，如此反复5～8次，其结构基本确定后在80℃左右的温度下进行干燥，直到含水量小于6%，米粒较酥脆，无焦味，即为α-小米。这样处理后小米既易于保存，复水性又好。

2. α-绿豆的制备

（1）绿豆选择及处理　选用无杂质、无虫害、无霉变的绿豆为原料。利用清水淘洗干净，然后利用开水进行冲泡，用水量根据绿豆的吸水量而定（一般情况下两者的比例为1∶1），要求浸泡24h后，绿豆不但能全部膨胀，而且能把浸泡用水吸收完全，这样既可保证绿豆的吸水性好，又可避免绿豆中营养成分的损失。

（2）蒸制　对绿豆进行蒸制的作用和对小米蒸制的作用相似，绿豆蒸制的时间以30min为宜，这时绿豆完全熟化，全部膨胀，色泽仍为豆绿色。

（3）速冻、干燥　其操作和α-小米的速冻、干燥基本一致。

3. 混合调配

将上述制得的α-小米和α-绿豆按照一定的比例充分混合均匀即为成品。食用时利用热水冲调即可。

二、绿豆大米速食粥

（一）原辅料

优质大粒绿豆、粳米、马铃薯淀粉、普通小麦粉、白糖粉和甜菊糖。

（二）生产工艺流程

大米→预处理→煮米→蒸米→冷水浸渍→干燥┐
绿豆→预处理→煮豆→蒸豆→干燥　　　　　├→配比→包装→成品
小麦粉→蒸粉→过筛→混合→选粒→干燥　　┘
　　　　　　　　　　↑
　　　　　　　淀粉+其他辅料

（三）操作要点

1. 速食米的制备

（1）预处理　将大米用室温水浸泡10min，取出，再用80℃热风干燥30min。

（2）煮米　在煮米锅内放入适量水，加热至沸，将预处理过的大米迅速倒入锅内，保持95℃左右加热4～6min。煮米过程中不要搅动，避免造成糊汤破碎。煮米时加水量以米重的4～8倍为宜。煮米时间控制在5min左右，适宜的煮米程度，以大米颗粒膨胀1.5倍左右，口尝米粒无明显硬心为宜。

（3）蒸米　煮米后，将米汤迅速沥出，把米移入蒸米锅内，用100℃热蒸汽蒸8～12min。

（4）冷水浸渍　蒸米后将米取出，立即用室温水（最好15℃以下）浸渍1～2min。

（5）烘干　将冷渍沥干的米粒平摊在透气的不锈钢筛盘上，立即用80℃干热风先预干50min左右，再用100℃干热风强制通风干燥，最后再用200℃干热风处理5～10s，烘干至大米含水量降至4%～7%为止。

2. 速食绿豆的制备

（1）煮前预处理　将绿豆用90℃的热水先浸泡30min。

（2）煮豆　热水浸泡后，将豆取出，放入100℃沸水锅内，保持沸腾15～20min，煮至绿豆无明显硬心，又不致过度膨胀为止，切忌开花。

（3）蒸豆　将煮好的豆沥干水分，放入蒸汽锅内，用100℃蒸汽猛蒸10～15min，至绿豆彻底熟化，大部分裂口为止。蒸时一定要保持汽足、快蒸，使绿豆中多余水分迅速蒸发逸出，形成疏松多孔的内部结构，以增加复水性。

（4）烘干　绿豆蒸熟后，不必用冷水冷却，立即送入烘干机，用80～90℃干热风干燥2～4h，至绿豆含水量达5%～7%为止。

3. 糊料制备

（1）增稠剂筛选　选择马铃薯淀粉与蒸熟的小麦粉、其比例为2∶1为宜。

（2）原料混合　将马铃薯淀粉和熟小麦粉按比例倒入调粉机内混合均匀。如想要甜味大米绿豆粥，可适当加入相当于糊料重量10%的白糖粉和0.05%的甜菊糖。所用原料都要过80～100目筛，并在调粉机内彻底混合10～15min，而后按总量加入10%～16%的米汤（大米制备中沥出的米汤）再混合10～15min，使成为手握成团，手压即碎的松散坯料。

（3）造粒成型　采用造粒成型法，使糊粒坯通过造粒机成型，得到颗粒状的糊料，粒度为8～12目。

（4）烘干　造粒成型的糊料颗粒送入80℃热风干燥，干燥30min左右，至颗粒含水量达5%左右为止。而后用20目筛过一下，筛除糊料细末。

4. 配比组成

将上述制备好的大米、绿豆和糊料按6∶2∶3的比例配合，即可得到速食粥产品。

将配料按比例配好后，每小包44g密封，每10小包再装1大袋密封包装。

（四）产品特点

（1）色泽　保持大米、绿豆的色泽及糊料白色。

（2）形状　保持大米、绿豆的颗粒形状，并配有颗粒状的糊料。

（3）水分<7%，保质期3个月。

（4）复水性　每小包44g，食用时先用少许温开水将料润湿，再冲入350～400mL、95℃以上热开水，迅速搅动一下，加盖闷6～8min即可。

三、无皮绿豆粥

（一）原料配方

绿豆8%、白砂糖9%、淀粉2%、黄原胶0.08%、食盐0.08%、香精0.03%。

（二）生产工艺流程

白砂糖＋淀粉＋稳定剂＋食盐＋水→溶解→定容→预煮
↓
绿豆原料→分拣（去砂石）→预煮脱皮→漂洗→沥干→装罐→配汁→封罐→杀菌→冷却→保温→检验→包装→成品

（三）操作要点

（1）分拣　用人工分拣，去除原料绿豆中的坏豆或砂石等异物，避免杂质混入食品中。

（2）预煮脱皮　用夹层锅把0.1%的碳酸钠溶液加热至100℃，把分拣好的绿豆放入溶液中（绿豆∶碳酸钠溶液=2∶3）用木桨搅拌，煮沸约5min后，把碳酸钠溶液排入另一个夹层锅（调节碳酸钠浓度后，煮另一锅绿豆），然后放入40℃的温水浸泡绿豆15min。

（3）漂洗　把上述浸泡后的绿豆加入冷水，用木桨搅拌脱皮，漂去浮在上面的绿豆皮。经反复漂洗，可除去绿豆皮。废水与绿豆皮要集中处理，防止污染环境。

（4）沥干、装罐　把脱皮后的绿豆清洗干净，沥干，然后装入罐中。

（5）配汁、封罐　把白砂糖、淀粉、稳定剂、食盐加水混合溶解，定容，煮开，加入三片罐中并进行封罐。

（6）杀菌　采用8′—15′—7′/121℃杀菌，水冷却至40℃。

（7）保温及包装　按罐头食品的要求，在37℃的恒温库中保温5～7天，经检验无胖听后，打印日期，包装，入成品库。

（四）成品质量指标

（1）感官指标　呈淡黄色或黄绿色；具有绿豆特有的清香，无草青味、异味；绿豆口感松软、开花而不松散、呈粥样规则均匀，允许少量沉淀。

（2）理化指标　净容量250mL，允许公差±3%，总糖10%～12%，固形物18%～20%，砷（以As计）≤0.3mg/kg，铅（以Pb计）≤0.5mg/kg，铜（以Cu计）≤5.0mg/kg，锡（以Sn计）≤150mg/kg，食品添加剂符合GB 2760—2014规定。

（3）微生物指标　菌落总数≤100个/mL，霉菌与酵母菌总数≤10个/mL，大肠菌群≤6个/mL，致病菌不得检出。

四、营养保健型魔芋红豆粥

（一）原料配方

红豆44kg、魔芋21kg、白砂糖32kg、添加剂（成分为黄原胶、蔗糖酯各 50%）0.35kg。

（二）生产工艺流程

1. 预处理

红豆→选料→称重Ⅰ→清洗→煮豆→冷却→沥水→称重Ⅱ

魔芋沥除石灰水→称重Ⅰ→清水漂洗→98℃洗烫 5min→排水→98℃洗烫 5min→排水→冷却→沥水→称重Ⅱ

汤液（糖、添加剂、水）→溶解→过滤

2. 生产工艺

红豆、魔芋
↓
空罐→清洗→充填→一次加汤机→脱气箱→二次加汤机→封罐机→杀菌→冷却→成品

（三）操作要点

1. 预处理

（1）红豆选料、清洗　去除霉变、虫蛀、变色、变味的红豆及夹杂中间的砂石、异物，用洗米机反复冲洗 10min 至干净无异物。

（2）红豆煮豆　把夹层锅中的水加热至 95℃，倒入红豆保持 5min，使红豆吸收一定水分，将其组织膜泡软，便于蛋白质、淀粉等营养成分溶离；但又不能过分吸水，造成产品组织松散，没筋性。为保护产品具有红豆天然的色泽，可添加色泽、水分保护剂，经反复试验以复合磷酸盐较优，添加量为红豆量的 0.6%。与红豆一起加入夹层锅。

（3）红豆冷却、沥水、称重　红豆煮豆结束后排水，加冷水冷却至室温沥水，每次控制吸水率，红豆∶水＝1∶1.5，吸水率＝(称重Ⅱ－称重Ⅰ)/称重Ⅰ。

（4）魔芋选料、沥水　去除老化、变色、变味的魔芋，滤掉石灰水，称得重量Ⅰ。

（5）魔芋清水漂洗、洗烫　用清水反复漂洗，然后用夹层锅加热至98℃并保持5min，排水。再用夹层锅加热到98℃并保持5min，排水，并用清水反复漂洗至白色、半透明，气味正常，沥水，称重。注意控制吸水率，魔芋∶水=1∶0.9，吸水率=(称重Ⅱ+称重Ⅰ)/称重Ⅰ。

(6) 汤液　先将糖放入配制桶中加水溶解，再把少量糖与添加剂等配料在塑料桶中混匀后加水充分溶解，再倒入配制桶搅拌10min后测量。控制糖度为(12.3±0.2)°Bx，pH为8.6±0.5，相对密度为1.042±0.005。为防止搅拌中产生泡沫，加消泡剂0.01%。经检验合格后经过120目过滤后，通过90℃、2s的高温短时杀菌后送至加汤机。

2. 制作过程

(1) 空罐清洗　先用纯水冲洗，然后用混合蒸汽加热的水喷淋杀菌。

(2) 充填　将一定比例的红豆、魔芋，充分拌匀后加入空罐内，并使每罐充填重量一致。

(3) 一次加汤　加汤温度90℃，加入量占总加汤量的70%。

(4) 脱气箱　将产品放入脱气箱，控制罐内中心出口时温度为80～85℃，目的是使罐内空气彻底清除。

(5) 二次加汤、封罐　将其余30%的汤液加入并立即封罐。

(6) 杀菌　采用加压沸水杀菌，98kPa的压力，121℃，保持20min，然后冷却至室温，即为成品。成品重量340g，常温保存时间18个月。

（四）成品质量标准

(1) 感官指标　有红豆天然浅红的色泽，均匀一致，组织形态稳定均一；既有红豆特有的滋味，又有魔芋特有的柔韧、弹性；该产品具有香糯滑爽的口感。

(2) 理化指标　可溶性固形物(以折射率计)为(12.5±0.5)%，pH为6.5±0.5，重金属含量符合国家规定。

(3) 微生物指标　细菌总数≤100个/100g，大肠杆菌数≤3个/100g，致病菌不得检出。

第三节 果蔬类粥加工技术

一、营养无糖南瓜粥

(一) 生产工艺流程

南瓜→清洗→去皮、籽→切丁
↓
薏米仁、莲子、黑豆、相思豆、红豆、花生、燕麦→浸泡→灌装→封口→杀菌→冷却→成品

(二) 操作要点

(1) 南瓜清洗　首先将南瓜中虫咬、腐烂等不可食用部分切除，再用清水冲洗干净，然后人工去皮、去籽，用果蔬切丁机将南瓜切成1cm×1cm×1cm大小的块状。

(2) 辅料的预处理　选择颗粒饱满、无霉斑与虫斑的薏苡仁、莲子、黑豆、相思豆、红豆、花生，用清水冲洗干净，在清水中浸泡若干小时，沥干备用。

(3) 灌装　将南瓜块与其他原料按配方的重量各自称好装入塑杯中。具体配比，南瓜60%、薏米仁10%、莲子5%、花生5%、黑豆5%、相思豆5%、红豆5%、燕麦5%。

(4) 添加配料、汤汁　将配料按配方溶入定量的水中，沸腾后，即可灌装，保持料液灌装温度85℃以上。用0.008%的蛋白糖代替蔗糖甜度适中，稳定剂利用黄原胶0.05%、SB-6 0.1%和CMC-Na 0.15%。

(5) 封罐　装好后立即封口，封口温度为80℃。

(6) 杀菌　采用121℃，30min，保持反压0.26MPa，冷却。

（三）成品质量标准

(1) 感官指标　汤汁呈黄褐色，固形物与汤汁的色泽比较均匀；南瓜的香味比较浓郁，并含有其他豆类的清香；口感细腻：爽滑，柔和，无异味；呈粥状，黏稠适度，固形物分布均匀，无硬粒及回生现象；无肉眼可见杂质。

(2) 理化指标　净含量200g，允许公差±5%，固形物≥30%，pH值6～7，砷（以As计）≤0.5mg/kg，铅（以Pb计）≤1.0mg/kg，铜（以Cu计）≤8.0mg/kg。

(3) 微生物指标　符合商业无菌标准。

二、营养南瓜粥

（一）原料配方

糯米3%、薏米0.4%、香米0.4%、麦仁0.4%、红小豆0.4%、小花生0.8%、黏黄米0.4%、玉米粒0.4%、枸杞0.2%、南瓜丁5%、南瓜粉0.3%、木糖醇3%、CMC-Na 0.3%、魔芋粉1%、EDTA 0.02%、精盐0.04%，其余为饮用水。

（二）生产工艺流程

原料南瓜选择清洗→去皮籽、切块┐
豆类原料选择清洗→预煮┼→标准化→灌装→杀菌→冷却→成品
其他辅料精选→预煮→混合┘

（三）操作要点

(1) 南瓜选择及处理　将南瓜中虫咬、腐败等不可食部分去除，然后将其在消毒池中浸泡20min，再用清水冲洗干净，采用人工去皮、去籽，切成$1cm^3$大小的块。

(2) 豆类选择及处理　去除虫咬、腐败等不可食用的豆，红小豆加沸水预煮15min（料：水＝1：100），沥干备用（注：小花生米、小玉米粒的处理和其相同)。

(3) 其他辅料精选及处理　选取质量合格的辅料，利用清水淘洗干净。糯米、薏米、香米、麦仁加沸水预煮 10min（料∶水＝1∶10)，加玉米粒、黏黄米再煮 4min（料∶水＝1∶10)（沸水温度约为 100℃)。枸杞称量用沸水热烫一下备用。南瓜粉、精盐、EDTA 混匀后加沸水冲开。

(4) 标准化　按配方规定量将 CMC-Na、糖、南瓜粉和其他辅料加入煮好的粥中，搅拌溶解均匀，检测其糖度，符合要求后进行灌装。为防止因氧化、褐变产生颜色变化，可酌情添加 0.003%的天然色素栀子黄。

(5) 灌装　灌装分次进行，首先按配方加入切好的南瓜块，再加入预煮好的红小豆、热烫后的枸杞及标准化后的预煮粥。料液灌装温度 85℃以上，总灌装量 360g。

(6) 封罐　装好后立即封罐，封罐温度 85℃以上。

(7) 杀菌、冷却　为使内容物足够烂及杀菌彻底，采用 121℃、50min 加热杀菌。杀菌结束后分段进行冷却，尽可能减少成品色泽和风味的变化，产品经冷却后即为成品。

(四) 成品质量标准

(1) 感官指标　汤汁呈金黄色，固形物与汤汁的色泽协调；南瓜的清香味及糯米香；滑润柔和，口感细腻、香甜，入口化渣，无异味；呈糯软粥状，黏稠适度，内容物分布均匀，无硬粒及回生现象；无肉眼可见的杂质和霉变现象。

(2) 理化指标　净含量 360g，允许公差±3%，但每批平均不得低于净含量，固形物≥50%，pH 值 6～7，木糖醇≥2%，砷(以 As 计)≤0.5mg/kg，铅（以 Pb 计)≤1.0mg/kg，铜（以 Cu 计)≤1.0mg/kg。

(3) 微生物指标　细菌总数≤1000 个/g，大肠菌群≤40 个/100g，致病菌不得检出。

三、南瓜小米营养粥

本产品是以南瓜和小米为主要原料，配以木糖醇、优质糯米等，采用科学的生产工艺研制出的符合保健要求的一种低能量营养保健粥。

（一）生产工艺流程

南瓜块、稳定剂、水
↓
原料→筛选→清洗→浸泡软化→煮制→装罐→封盖→杀菌→冷却→成品

（二）操作要点

（1）原料选择清洗　去除虫咬、腐败等不可食的南瓜，先将南瓜在消毒池中浸泡20min。再用清水冲洗干净，采用人工去皮、去籽、切成$1cm^3$大小的块。

小米、糯米要求达到一级以上，无霉变、虫蛀、新鲜（存放期不超过1年），大小均匀，色泽鲜亮，有光泽，无杂质。选择好的原料经过筛选后，利用清水清洗干净。

（2）浸泡软化　清洗干净的小米、糯米等应当进行浸泡处理，处理时间约60min。

（3）煮制　称取一定量的水倒入锅中，进行加热，当水温达到60℃时，将小米等原料（含浸泡的水）一起加入锅中，加热使其迅速烧开，烧开后煮约15min加入木糖醇，然后用文火慢慢煮制，加入调配好的稳定剂。煮制1h左右加入南瓜块。全部的煮制时间大约是1.5h，这时粥汁即成稳定的溶胶状态。

最佳材料配比为小米：糯米：南瓜：水：木糖醇＝80：20：200：3000：280，添加黄原胶0.20％、琼脂0.20％、卡拉胶0.10％、CMC0.05％。

（4）装罐封盖　将成品趁热装罐、密封以保证罐内能形成较好的真空度。罐中心的温度约80℃。

(5) 杀菌　杀菌公式为(10′—20′—10′反压冷却)/121℃。杀菌时应注意要将罐倒放,冷却后再将罐正放,这是因为杀菌时罐头顶隙充满蒸汽,冷却后蒸汽冷凝,在食品上层出现一层清水影响感官品质,而倒放杀菌则可以避免这种现象的发生。杀菌结束后经过冷却即为成品。

(三)成品质量标准

(1) 感官指标　呈金黄色;具南瓜的清香味及小米香;滑润柔和,口感细腻、香甜、无异味;呈糯软粥状,黏性适度,内容物分布均匀,无硬粒及回生现象;无肉眼可见的杂质。

(2) 理化指标　总固形物18%~20%,总糖7%~10%,pH值7.0左右,锡(以Sn计)≤150mg/kg,铜(以Cu计)≤5.0mg/kg,铅(以Pb计)≤0.5mg/kg,砷(以As计)≤0.3mg/kg。

(3) 微生物指标　细菌总数≤100个/g,大肠菌群≤20个/100g,致病菌不得检出。

四、莲藕粥罐头

(一)生产工艺流程

经处理后的银耳、糯米、大麦仁和莲子
↓
莲藕验收→清洗去皮→护色→切块、切丁→漂洗→沥干→粒料混合→固体灌装→液体灌装→封口→旋转杀菌→冷却→喷码→加盖→成品

(二)操作要点

(1) 生产原辅料

新鲜莲藕:除苏州花藕等少数熟食口感脆硬外,我国大多数莲藕品种均适合生产莲藕粥。

莲子:赣莲、建莲。

辅料:糯米、大麦仁、银耳干、白砂糖等。

食品添加剂：三聚磷酸钠、焦磷酸钠。

（2）清洗、去皮 先将莲藕外表的淤泥冲刷干净，然后去除莲藕外层表皮，将藕头、藕节切除，再用清水将已去皮的莲藕表面的淀粉浆汁清洗干净。

（3）护色 莲藕变色主要是因为莲藕中含有大量的多酚化合物，由此引发的一系列酶促褐变和非酶促褐变，在这些褐变中以莲藕的非酶促褐变为主。因此在加工过程中严禁和铁器工具接触，同时采用护色的办法防止莲藕的非酶促褐变。以柠檬酸0.05%、乙二胺四乙酸二钠0.03%、氯化钠0.2%混合溶液浸泡1～2min防止莲藕的非酶促褐变。

（4）切片、切丁 将经护色后的莲藕按0.8～1.2cm的厚度进行切片，然后将藕片切成1～2cm的丁状备用。

（5）银耳处理 将银耳在20～30℃的水中浸泡20min，然后剪去银耳蒂，将去蒂银耳漂洗干净，沥干水分后，再用斩拌机斩成3mm×4mm的银耳粒备用。

（6）糯米、大麦仁处理 将糯米、大麦仁经人工挑选去除各种杂质后，经淘洗沥干水分后备用。

（7）子处理 将莲子与水按1∶4比例，倒入90～100℃热水的夹层锅中进行复水处理5min，用自来水冷却至20～30℃，沥干水分备用。

（8）空罐消毒 将空罐内部用82℃以上热水喷淋消毒5～8s，沥干水备用。

（9）粒料混合、装罐 将上述糯米、大麦仁、莲藕丁、银耳粒按一定比例混合均匀，然后装入已消毒的空罐中，以净含量360g为例，每罐装入43～50g混合粒料，然后每罐加入1～2粒莲子。莲藕粥罐头内容物配方为藕丁6%、糯米6%、大麦仁1.5%、银耳1.5%。

（10）糖水处理 将白砂糖在60～80℃炭滤水中溶解并过滤，加入各种辅料（三聚磷酸钠0.01%，焦磷酸钠0.015%）定容搅拌均匀，测定糖度折射率为 9%～9.5%，加热糖水温度在 85℃以上即可以灌装。

（11）灌封、杀菌、冷却　灌装糖水，测定罐中心温度大于 65℃方可封口，净含量平均大于 360g，封口三率（紧密度、叠接率、接缝率）均大于 50%。然后装笼，进旋转式杀菌锅杀菌，杀菌公式 10′—50′/121℃，转速 3～4r/min，杀菌后冷却至 40℃，加塑料盖、装箱、入库即为成品。

（三）成品质量标准

（1）感官指标　呈白色或乳白色，藕丁呈粉色或浅粉色；具有莲藕应有的清香和滋味，香气协调，藕丁、粥体软糯，甜度适口；莲藕分布均匀，不分层。

（2）理化指标　固形物≥55%，可溶性固形物（按折射率计，20℃）≥10%，pH 值 5.6～6.7，锡（以 Sn 计）≤200.0mg/kg，铜（以 Cu 计）≤5.0mg/kg，铅（以 Pb 计）≤1.0mg/kg，砷（以 As 计）≤0.5mg/kg。

（3）微生物指标　符合罐头食品商业无菌的要求。

五、魔芋保健方便粥

（一）原料配方（成品按 100kg 计）

（1）甜味　玉米膨化粉 65kg、魔芋精细粉 2kg、白糖精细粉 10kg、花生块粒 10kg、熟芝麻 8kg、其他 5kg。

（2）咸味　玉米膨化粉 70kg、魔芋精细粉 2kg、花生块粒 10kg、熟芝麻 8kg、食盐精细粉 3.9kg、味精精细粉 0.1kg、其他 6kg。

（3）咸甜味　玉米膨化粉 70kg、魔芋精细粉 2kg、白糖精细粉 4kg、花生块粒 10kg、熟芝麻 8kg、食盐精细粉 1.5kg、味精精细粉 0.1kg、其他 4.4kg。

（二）生产工艺流程

1. 半成品制作

（1）玉米验收→去杂→脱皮→挤压膨化→磨粉过筛→玉米膨化粉

（2）魔芋精（粗）粉→磨粉过筛→魔芋精细粉

（3）花生米验收→去杂→烘烤→脱皮→破碎→筛选→花生块粒

（4）芝麻验收→去杂→烘烤→冷却→熟芝麻

（5）白糖→磨粉过筛→白糖精细粉

（6）味精→磨粉过筛→味精精细粉

2. 成品制作

上述半成品及精制食盐→调配→搅拌混合灭菌→定量装袋封口→检验→产品

（三）操作要点

（1）玉米去杂、脱皮　采用人工或磁性去杂机除去玉米中的杂草、泥沙、石子、铁屑等异物，剔除虫蛀、霉变等不合格玉米粒。采用玉米脱皮机脱去玉米坚硬的外皮，脱皮率达98%以上。外皮可回收，作为酿造原料或饲料使用。

（2）挤压膨化　脱皮玉米均匀地加入螺旋挤压膨化机内，严格掌握膨化操作，以防焦化变质，影响产品口感。膨化模具最好采用球状，以利于后道工序的加工。

（3）磨粉过筛　膨化玉米立即磨粉后过80～100目筛，所得精细粉及时装袋，防止吸潮，以备成品调制时用。粗粉返回磨粉机再次粉碎。

（4）魔芋磨粉过筛　磨粉至过60～80目筛，细粉及时装袋。

（5）白糖粉碎过筛　采用同魔芋细粉相同的设备及操作制取精细糖粉，筛网更换80～100目。

（6）花生米烘烤　去杂后放入烤箱或烤炉内烘烤，炉温130～

150℃，时间30～35min，以花生米烤熟为度。严格掌握炉温及烘烤时间，烤熟后立即出炉，以防花生米烤煳。

(7) 脱皮　花生冷却约5min后用手工或机械揉搓，脱去花生米红衣。脱皮率要求98%以上。

(8) 破碎　脱皮花生用手工压研或用不锈钢破碎机破碎，每瓣破碎6～7块。块粒尽可能大小均匀，碎屑率小于5%。

(9) 筛选　将破碎后的花生米块粒适量倒入振动分级筛内进行筛选，分级筛网孔直径1.5～2.5mm，碎屑回收后，作为糕点、糖果等食品辅料。块粒较大者再度破碎。

(10) 芝麻烘烤　去杂后的芝麻放入烤盘，分摊均匀，厚度6～7mm，炉温60～180℃，时间5～7min，烘烤过程中，严格掌握炉温及烘烤时间，以芝麻烤熟为度。烘熟后，立即出炉，冷却备用。

(11) 成品调配　根据成品的口感要求，取半成品适量，进行调配。原辅料称量准确。

(12) 搅拌混合灭菌　调配后搅拌过程中，用紫外线灭菌。调配后的物料放入密封的不锈钢搅拌机内混合搅拌，使各种物料混合均匀，搅拌过程中，为保证产品达到卫生标准，需开启紫外线灭菌灯进行照射灭菌。

(13) 定量装袋、封口　将搅拌均匀后的物料迅速加入装有紫外线灭菌灯的定量装袋封口机内，根据产品净重要求调节定量机构装袋封口，定量准确，每袋净重75g±2g，或50g±1.5g。每批产品不得低于净重，封口紧密。

(14) 检验　每批产品抽样分别做感官、理化及卫生检验，合格后方能出厂。

(四) 成品质量标准

(1) 感官指标　呈金黄色或淡黄色，均匀一致；成品为干燥均匀的粉末状态，有芝麻、花生块粒存在，无团块；细腻适口，无粗黏感；具有各种口味应有的滋味、气味，无异味，冲调后具有浓郁的玉米香味，粥状无沉淀及分层现象；无肉眼可见异物存在。

（2）理化标准 水分≤4%，溶解度≥98%，蛋白质≥7.8%，脂肪≤12.0%，葡甘露聚糖（KM）≥0.8%，铅（以Pb计）≤1mg/kg，砷（以As计）≤0.5mg/kg，铜（以Cu计）≤10mg/kg。

（3）微生物指标 细菌总数≤30000个/g，大肠菌群≤150个/100g，致病菌不得检出。

第四节 其他粥类加工技术

一、发酵型八宝粥

本产品采用优质大米、红枣、枸杞、葡萄干等原料，利用传统工艺熬制成八宝粥，再加入经活化的乳酸菌，进行乳酸发酵，制成的成品集粥的清香与乳香于一体，风味独特，易于消化吸收。

（一）生产工艺流程

葡萄干、枸杞、核桃仁、蕨木、枣肉、芝麻
↓
优质大米→清洗→浸泡→加水熬煮→冷却→接种乳酸菌发酵剂→乳酸发酵→搅拌均匀→灌装→灭菌→冷却→成品

（二）操作要点

（1）红枣的处理 选用市售优质干红枣，经清水洗去表面杂质后沥干水分，于90～100℃下烘烤2h，待红枣发出浓郁的枣香味即可停止烘烤，取出备用。使用前再用沸水浸20min至枣肉柔软，捞出沥干，除去枣核，枣肉备用。

（2）其他辅料的处理 芝麻洗净晾干，炒至散发出香味；葡萄干、枸杞、蕨木洗净晾干备用；核桃仁用热水浸泡1h，剥去种皮烘干备用。

（3）八宝粥的制作　选用宁夏优质稻米淘洗干净，用温水浸泡1h，加入沸水中，待水再次沸腾后用小火熬制约10min后，分别加入蕨木、葡萄干、枣肉、枸杞、芝麻、蔗糖、核桃仁，继续加热煮制约30min，待所用的原料软烂，呈浓厚的粥状，加入冲溶后的乳粉，继续加热5～10min。

（4）原料配比　优质大米100g，葡萄干8g，枸杞8g，核桃仁6g，红枣肉50g，蕨木8g，蔗糖100g，乳粉125g，芝麻6g。

加水量按最终粥重量约为2500g计，考虑到煮制过程中水分的蒸发，煮制开始时每100g大米加水量约为3～4kg。

（5）接种　待粥温降至40℃时，接入3%～6%经活化的保加利亚乳杆菌和嗜热链球菌（1∶1）混合菌种。

（6）发酵　发酵温度控制在40～42℃，时间20～24h，当pH为4.0～4.5时停止发酵。

（7）灌装、灭菌、冷却　发酵后的产品充分搅拌均匀后灌装密封，85～90℃下杀菌10～20min。杀菌结束后经过冷却即为成品。

（三）成品质量指标

（1）感官指标　浅褐色稠厚的粥状物，有明显的粥香与乳香，酸甜适口，允许有轻微的分层现象。

（2）微生物指标　细菌总数≤100个/mL，大肠菌群≤3个/mL，致病菌未检出。

二、海带八宝粥

本产品具有的特点是八宝粥应呈现其特有的红色；各原辅料熟化程度、软硬程度应保持一致；既体现海带鲜艳的绿色，又不要有太重的腥味。

（一）原料配方

糯米40%，薏仁6%，绿豆5%，海带9%，花生仁8%，红豆13%，桂圆2%，麦仁5%，白砂糖12%。

（二）生产工艺流程

糯米、薏仁、绿豆、麦仁和桂圆→洗涤、浸泡
↓
红豆和花生→洗涤、预煮→加水、加糖、熬煮→灌装→杀菌
↑
海带→洗涤、浸泡→切碎→护绿

（三）操作要点

（1）原料选择　糯米、薏仁、绿豆、花生仁、红豆和麦仁必须经人工挑选，剔除虫蛀、破损、发霉等不良粒及夹杂物，放入清水中清洗，再以清水喷淋，去除表面灰尘、杂物及残留农药。

（2）原料处理　称取125g糯米，其他原料按选定的配方称取，并淘洗干净。糯米以30℃温水浸泡8～10h，浸泡水中加入0.2g $MgSO_4$，以提高米粒的吸水速度；薏仁、麦仁浸泡6～10h；绿豆在室温25℃以下浸泡6～12h，在室温25℃以上浸泡3～6h；红豆和花生浸泡6～10h，并在浸泡水中预煮15min；桂圆经2次浸泡后过滤，滤液待用；海带用清水洗净，浸泡24h，切碎，进行护绿处理。

（3）八宝粥生产　在锅中加入谷豆、桂圆、海带、白砂糖，注入桂圆浸泡的滤液，再补充水，使红豆和花生预煮用水、桂圆浸泡用水和补充水量之和达1500mL，熬煮30min，熬煮好后装罐，在杀菌釜中121℃、0.1MPa下杀菌15min，经过冷却即为成品。

三、固体方便八宝粥

本产品属固态型，是根据传统腊八粥的配料，将不同性味、不

同品种、不同颜色的食物，经油炸或冻干等不同加工工艺制成各种方便熟化食品，然后按照一定比例合理搭配，再配以一定的辅料，起到了滋补祛寒、增强体质的作用，而且营养互补、价廉物美，用开水冲泡 8～10min 或稍煮 2～3min 即可食用。

（一）生产工艺流程

江米、糯小米、黑小米等
→分别淘洗浸泡→油炸→脱油→方便米类─┐
花生豆、豇豆、红小豆、莲子等→分别淘洗浸泡　├→混合调配→包装→成品
→蒸制→速冻→干燥→方便豆类─┤
红枣→清洗→去核→蒸制→干燥─┤
其他辅料─┘

（二）操作要点

1. 原辅料要求

各种原料要求色泽均匀、颗粒整齐、无虫害、无霉变、无杂质。

2. 方便米类的制备

（1）浸米　将各种米类淘洗后用 60～70℃温水浸泡 24h，至水分含量为 40%左右为止，这样脱水后米粒酥软，复水性好，用水量不宜太多，以没过米 1～2cm 为宜，以免损失米中营养成分。

（2）脱水脱油　用筛网沥干米中多余水分，然后用起酥油分别油炸米类，使米类脱水、熟化。脱水温度以 180℃左右为宜，米质酥脆，无焦味，复水性好。然后脱油，含油少易于保存，而且符合传统风味。

3. 方便豆类的制备

（1）浸豆　豆类淘洗后用开水冲泡，用水量根据豆类的吸水量而定，要求浸泡 24h 后，豆类不但能全部膨胀，而且能把浸泡用水吸收完全，这样既可保证豆类的吸水性好，又可避免豆类中营养成分的损失（建议豆类∶水＝1∶1）。

（2）蒸制　豆类蒸制时间以30min为宜，豆类既完全熟化，又全部膨胀，软硬适宜，不烂粒，色泽仍呈原色。

（3）速冻、解冻、干燥　在－40～－30℃的低温条件下进行速冻，使豆类内外完全冻结，然后在鼓风恒温干燥箱中升华解冻3～5min，如此反复5～8次，待其结构基本确定后在80℃左右干燥，直到含水量不超过6%，既易于保存，复水性又好。该工艺是本项研究的关键，速冻是为了使豆类内部水分在固体状态下升华干燥，最大限度地保持其内部的网状结构，升华解冻的温度对干燥效率至关重要。解冻温度选择150～170℃为宜，升华速度较快，不易产生焦味；干燥温度选择80℃左右为宜，干燥后豆类较酥脆，无焦味，而且复水性又好。

4. 方便红枣的制备

（1）清洗去核　红枣用清水洗净后去核，这样人们吃起来比较方便，省去了吐枣核的麻烦，尤其是小孩子，省得家长们操心，而且去核后红枣易保存，复水性又好。

（2）蒸制　红枣蒸制时间以20min为宜，熟化效果好，枣皮不易分离，枣色仍呈原红色，感官较好，复水后较软。

（3）干燥　干燥温度跟豆类干燥相似，选择80℃左右为宜，干燥后易保存，无焦味，复水性好。

5. 混合调配、包装

将上述制备好的方便米类、豆类、红枣以及其他辅料按照一定的比例充分混合均匀，经包装后即为成品。

四、黑米八宝粥

（一）原料配方

黑米2kg、紫糯2kg、红糖6kg、红枣1kg、红豆1kg、江米1kg、薏米1kg、莲子0.2kg、桂圆肉0.2kg、水100kg。

（二）生产工艺流程

黑米淘洗、浸泡→配料→煮制→装罐→密封→杀菌→冷却→成品

（三）操作要点

（1）黑米淘洗、浸泡　应先用冷水淘洗干净，然后浸泡在50℃水中2h，水∶米＝2∶1。这是因为黑米的淀粉颗粒结构致密，不易煮熟，所以应该浸泡软化，使其充分吸水膨胀易于糊化，便于下一步加工。浸泡后的水含有大量的黑米紫色素，故此水不能倒掉，而应加入锅中一同煮制。

（2）配料、煮制　将江米、红豆、紫糯、薏米等原料淘洗干净后在水温达到60℃时连同黑米一起倒入锅中，加大热量的供应使其迅速烧开。烧开后煮15min加入红糖，然后用文火慢慢煮制。提早加入红糖可以将沸点提高到103℃左右，这可以缩短煮熟的时间。煮制时必须用小火以使淀粉颗粒吸水膨胀和糊化，也减少水分蒸发，同时也节省能源。煮制前30min放入枣及桂圆肉，全部的煮制时间大约是1.5h，这时粥汁即成稳定的溶胶状态。

（3）装罐、密封　将成品趁热装罐密封，以保证罐内能形成较好的真空度，罐中心温度为80℃左右。

（4）杀菌　由于该食品酸度低（pH值7左右），并且含有丰富的蛋白质，故应以高温杀菌。杀菌公式（10′—20′反压冷却）/121℃。杀菌时应注意要将罐倒放，冷却后再将罐正放，这是因为杀菌时罐头顶隙充满蒸汽，冷却后蒸汽冷凝，在食品上层漂一层清水影响感官，而倒放杀菌则可以避免这种现象的发生。

（四）成品质量标准

（1）感官指标　具有黑米的特殊香气，色泽紫红，口感黏稠、香甜。

（2）理化指标　蛋白质 0.8g/100g。

（3）卫生指标　符合商业罐头无菌要求。

五、八宝粥罐头

该产品由糯米、紫米、莲子、茜米、桂圆肉、枸杞、白糖等多种原料制成，具有健脾益胃、清热润肺、安神补肾的作用，并含有丰富的营养成分，易于消化吸收。它保持了米、豆产品及果粒的真实形状，是理想的营养八宝粥。

（一）原料配方

紫米 0.3kg、糯米 0.4kg、绿豆 0.1kg、花生 0.05kg、花豆 0.05kg、莲子 0.03kg、核桃仁 0.05kg、茜米 0.2kg、桂圆肉 0.02kg、葡萄干 0.05kg、枸杞 0.05kg、蜂蜜 0.05kg、白糖 0.6kg、水 8kg。

（二）生产工艺流程

原辅料预处理→配料调配→洗罐→称重→加糖液→脱气→封盖→高温高压杀菌→冷却→检验→成品

（三）操作要点

1. 原辅料预处理

① 称量过的无杂质糯米、紫米、茜米，用清水淘洗干净，放入浸泡用容器中，加水浸泡 20～30min，沥干水分备用。

② 花生、花豆、核桃仁除去杂质后，分别在不同的容器中加水浸泡。花生应采用脱皮去红衣的花生仁。核桃仁经去皮、浸泡、蒸煮后，冷却并沥干水分备用。

③ 将除去杂质的绿豆，放入沸水中煮 5～10min，捞出用冷水冲洗，沥干备用。

④ 莲子放入水中预煮 5～10min，捞出备用。

⑤ 桂圆肉、枸杞、葡萄干除杂后备用。

⑥ 糖液配制　按配方比例将蜂蜜和白糖加水充分溶解后备用。

2. 调配装罐

将经预处理的各种原辅料充分搅拌均匀，按定量装入罐内，再注入温度在80℃以上的糖液。原料固形物与糖水的比例应根据最终产品的稀稠度、体态来确定。

3. 脱气与密封

将温度在80℃以上的糖液注入罐中后，趁热封罐，以保持一定的真空度（一般为59kPa）。

4. 杀菌与冷却

封罐后立即放入杀菌锅中进行杀菌，杀菌公式为10′—30′/120℃，杀菌后分段冷却或自然冷却至40℃以下。

5. 检验及贴标

灭菌冷却后的罐头及时擦去罐外水分，常温下静置1周，检验合格者再进行贴标签，即为成品。

六、咸味八宝粥

（一）生产工艺流程

原辅料选择及预处理→主辅料混合→装罐→熟制杀菌→冷却→入库保温→检验→包装→成品

（二）操作要点

(1) 原辅料选择　火腿，金华一级火腿肉丁，具有特色风味；鸡丁，市售新鲜鸡胸脯肉丁；糯米，杭嘉湖地区特产香糯米，粒大，黏性好；米仁，市售浙江龙游产，米仁富含淀粉、蛋白质、脂肪、钙、磷、铁及维生素；赤豆，市售大红袍赤豆，皮薄，色泽鲜红发亮；芸豆，白芸豆为云南的著名特产，粒大肥厚，色白皮薄，质地细嫩；马铃薯和胡萝卜，要求新鲜；黄瓜，选用杭州产小黄瓜，质嫩。

（2）原料预处理 糯米、米仁，筛选、精洗、浸泡；马铃薯，挑选、清洗、去皮、修整、切丁、漂洗；胡萝卜、黄瓜，挑选、清洗、修整、切丁、腌制；赤豆、白芸豆，筛选、清洗、预煮；火腿，修整、切丁；鸡丁，原料检验、切丁、腌制；鸡汁，整鸡洗净、修整，加水和风味料熬煮、过滤。

（3）主辅料混合 将处理好的各种原辅料按比例进行混合，火腿、鸡丁等部分原料每罐分别添加。另将鲜味剂、品质改良剂、食盐加入汤汁。

（4）装罐 空罐经挑选、清洗，利用蒸汽烫漂后进入灌装线，将主辅料定量装入空罐，然后加汁，每罐净重（340±10)g，采用真空自动封罐机在25～30kPa真空度下封盖。

（5）熟制杀菌 因装入物料多为生料，尤其是糯米、米仁、白芸豆，其中的淀粉糊化需一定的温度和时间。杀菌公式为8′—40′—7′/121℃。

（6）冷却、入库保温 产品杀菌后经过冷却，在37～39℃温室保温10天，剔除不合格罐。

（7）检验 按罐头食品检验规则进行商业无菌检验及理化指标检验。

（8）包装 经检验合格者经过包装即为成品。

（三）咸味八宝粥的特点

（1）口感独特 和甜八宝粥相比，由于产品加入了鸡汁、鸡丁、火腿等动物性食品原料，因此咸八宝粥赋有特殊的芳香味、鲜味。

（2）色香味形和谐统一 开启易拉盖，产品红、黄、白、绿相间，色彩分明，物料颗粒完整，无液固分离现象。

（3）营养丰富 动物性原料与植物性原料合理搭配，不仅含有较高的淀粉、动植物蛋白质、脂肪外，还含有充分的β-胡萝卜素、维生素、矿物质等成分。

七、雪山营养八宝粥

本产品是选用传统八宝粥原料中的糯米、赤小豆、花生、薏苡仁，配以西藏高原特产——人参果、南美藜、青稞等主要原料研制而成的一种色、香、味、营养俱佳的八宝粥。

（一）生产工艺流程

糯米、人参果、南美藜、赤小豆、花生、青稞等→挑选→清洗→浸泡→配料→装罐→注液→封口→杀菌糊化→冷却→检验→贴标→装箱→成品

（二）操作要点

（1）原料处理　糯米、南美藜、人参果、赤小豆等经过挑选去杂，用清水淘洗干净，加水浸泡，沥干备用。赤小豆、人参果常温浸泡 7h，南美藜、糯米、薏米仁浸泡 4h 即可。花生仁选择无霉烂、无脂肪氧化籽仁，经烘烤去红衣，淘洗干净，加水在常温下浸泡 7h，沥干备用。青稞除去霉烂变质的，淘洗干净，加水浸泡 5～6h，预煮 30min 备用。

（2）配料　各种原料按照如下的比例进行称量和配料：糯米 50%、人参果 10%、南美藜 10%、赤小豆 16%、花生 6%、青稞、薏仁各 4%。

（3）装罐、注液　各种原料按照一定的配比称量后，装入 383g 马口铁罐，注 85℃以上的糖液。原料固形物与糖水的比例为 1∶4，砂糖添加量为 5.0%～5.5%。另外根据实际情况适当添加乙基麦芽酚作为增香剂。

（4）封口、杀菌糊化　灌装后，趁热封口，在 121℃杀菌温度下杀菌糊化 60min。

（5）冷却、检验、贴标　杀菌结束后，将产品冷却至室温，经

过检验合格者贴标、装箱即为成品。

（三）成品质量标准

(1) 感官指标　汤汁呈柔和的红色，固形物与汤汁的色泽对比协调；呈均匀黏稠流动状态，固形物分布均匀；具有本产品特有的香气及滋味，无不良气味，口感细腻、香甜，入口化渣；无任何外来杂质存在。

(2) 理化指标　净重383g，每罐允许公差±5%，但每批平均不得低于净重，固形物≥60%，其中南美藜≥2%，人参果≥2%，可溶性固形物≥8%（含糖量5%～5.5%）。

(3) 微生物指标　细菌总数≤100个/g，大肠菌群≤30个/kg，致病菌不得检出，无任何微生物引起的腐败象征。

八、花生奶八宝粥

（一）原料配方

白砂糖9%，麦仁1%，糯米3%，薏米仁1%，绿豆1%，红芸豆0.5%，红豆0.5%，莲子0.5%，大麦1%，花生仁0.5%，银耳0.1%，花生酱1%，奶粥稳定剂0.25%，花生香精0.06%，乙基麦芽酚0.01%，其余为纯净水。

（二）生产工艺流程

花生酱、白糖→溶化→定容→调pH→调香→均质
↓
糯米＋麦仁＋薏仁等谷物→清洗→沥干→灌装→封口→杀菌→冷却→成品

（三）操作要点

(1) 原料选择　挑选无虫害、无霉变、无异味、颗粒饱满的谷物，除杂，用清水洗净，豆类要杀青（需用开水杀青3min），沥干

待用。

（2）溶胶　将少量白砂糖与奶味稳定剂干混均匀，倒入 70℃左右纯净水中，搅拌均匀，然后边搅拌边加热，使其充分溶解，无不溶颗粒，备用。

（3）花生奶液制备　将花生酱用 40℃左右适量的温水化开，加入白糖，搅拌升温至溶化。

（4）定容、调 pH　将奶液与溶解好的稳定剂溶液混合，不断搅拌至均匀，加入乙基麦芽酚和香精，定容后用小苏打调 pH 值为 7.3，并加热至 80℃左右。

（5）均质　均质是为了更好地使物料细化，从而使物料能更均匀地相互混合。将定容好的溶液进行两次均质，均质压力均为 25～30MPa。

（6）灌装　先在罐中装入八宝粥料（与汤汁约 1∶8），再灌入热花生奶液（70℃）。

（7）封罐、杀菌　灌装后，经封罐进行高温高压杀菌，温度为 121℃，时间为 50min。

（8）冷却　杀菌后，必须迅速进行冷却，否则罐内食品仍保持相当高的温度继续烹煮，会使产品色泽风味发生变化。用 45℃左右的水来冷却，不断降温，冷却至 50℃左右，即得成品。

九、山药营养八宝粥

（一）生产工艺流程

原料→精选→清洗→浸泡→护色→按比例混合后加水、加糖熬煮→灌装→排气→杀菌→冷却→成品

（二）操作要点

（1）原料预处理　山药必须要新鲜，肉质洁白肥厚，粗壮均匀，无病虫害及机械损伤。先用流动水洗净泥沙，然后用不锈钢刀

去皮，并切成约 2cm 见方的丁，迅速投入以 0.05% $Zn(Ac)_2$、0.30%$CaCl_2$、1.0%NaCl 和 0.20%柠檬酸配好的混合护色液中浸泡 3～5h 备用。红枣选用大小一致、色泽鲜亮、无虫害损伤的去核枣，用干净水清洗并浸泡 0.5～1h 沥干待用。糯米、绿豆、红豆、花豆、花生（需烘烤脱红衣）和莲子等原料要饱满、无虫蛀霉变，清水洗净后用 30℃左右温水浸泡软化 3～6h（其中绿豆、红豆、花生和莲子等还需预煮 5～10min 并冷却），捞出沥干待用。

（2）熬煮　先将糯米、绿豆、红豆、花豆、花生和莲子等原料按照确定的比例混合，并按 1∶10 料水比加水，然后用大火煮至 6～7成熟，这时加入准备好的山药和红枣且改为小火熬煮，当产品接近熟好时，加入经溶解过滤的优质白砂糖和少量的稳定剂，轻轻搅拌。

各种原辅料的具体配比：30%山药、25%糯米、红枣 5%、绿豆 12%、红豆 8%、花生 5%、桂圆 2%、莲子 3%、白糖 10%。另外，添加占上述总量 0.05%的黄原胶和 0.20%的海藻酸钠复合稳定剂。

（3）灌装、杀菌　将熬好的粥趁热装入事先洗净、消毒过的空罐，放入 121℃、0.1MPa 的杀菌釜中杀菌 20min，接着反压降温冷却到 40℃，然后再冷却到室温即为成品。

（三）成品质量指标

（1）感官指标　具有山药八宝粥特有的香味，色泽鲜亮、爽目，口感细腻、甜柔爽口，形态均一、稳定。

（2）理化指标　可溶性固形物≥12%，糖度（以折射率计）≥8%，汤液 pH 值约 4。

（3）微生物指标　细菌总数≤100 个/g，大肠菌群≤30 个/kg，致病菌不得检出。

十、软包装八宝粥

（一）原料配方

糯米 0.9kg、黑米 0.1kg、香米 0.1kg、红豆 0.1kg、绿豆 0.1kg、莲子 0.1kg、大枣 0.1kg、薏仁 0.1kg、花生米 0.1kg、银耳 0.05kg、白糖 0.3kg、水 8kg。

（二）生产工艺流程

选料→装袋→加糖水→挤压排气→热封口→杀菌→冷却→干燥→检验→成品

（三）操作要点

（1）选料　糯米、香米、红豆、绿豆等要去石去杂；莲子要除去变质、变黑的；大枣洗净去核，肉留用；银耳用温水泡开，撕成合适的小块；花生米用水浸泡，去掉红衣。各原料按比例混合。

（2）装袋　包装袋选用 PET/AI/CPP（RP—F）、PET/CPP（RP—T）和 N/CPP（RP—N）三种普通蒸煮袋，这三种蒸煮袋最高耐温均为 121℃。试验证明三种蒸煮袋均适合软包装八宝粥的生产。装袋过程中要先装米、豆等固体物，再装 60℃热水，目的是有利于排气，再结合手压排气，尽量减少袋内的空气残留。若袋内含有空气，会使袋内食物受到氧化，味道、颜色会发生改变，且袋内过多空气还会影响导热速率。内容物要限位，量过多会导致破袋。一般 500g 容量，为保证平放厚度＜20mm，袋尺寸选用 200mm×200mm。装袋时要避免袋口污染，若溅上水滴要立即擦干，以防止封口不紧密，造成破袋。

（3）热封口　采用立式链式封口机，封口温度 220℃，压力 294kPa，时间＞1s，宽度＞10mm。封口时要用双手挤压袋子，尽量排除空气，以利于延长保质期。要防止袋口出现皱纹，具体防止的办法是袋口要保持平整，两层长度一致，封口机压模要平行。

（4）杀菌与冷却 杀菌公式15′—25′/118℃×151.9kPa。杀菌结束冷却时，亦维持此压力。因为刚通冷却水时，杀菌锅内压力急剧下降，袋内容物不能立即冷即，压力仍很高，势必导致破袋。所以在整个冷却过程中必须保持压力稳定，使杀菌锅内的压力始终大于袋内的压力一直到冷却结束。

（5）干燥 杀菌冷却后蒸煮袋外表有水珠，水珠会造成微生物在袋表面繁殖，影响外观质量，必须除去水珠。干燥的方法是采用手工擦干或热风烘干。

（6）检验 软包装八宝粥在冷却后，取样做保温试验和微生物检验。自杀菌锅冷却至40℃时取出，送入37℃、相对湿度85%的温室内保温5d，观察是否有鼓袋。对经保温试验的样品再做微生物检验，经检验合格者即为成品。

十一、速食八宝粥

（一）原料配方

（1）糊料配方 白砂糖25%、红糖16%、小麦粉12%、麦芽糊精18%、糖桂花5%。

（2）速食八宝粥配方 方便米27%、方便绿豆6%、方便芸豆6%、方便红小豆6%、提子2.5%、桂圆肉1%、燕麦片2%、枸杞子1.5%、粒状糊料48%。

（二）生产工艺流程

1. 方便米的制备

粳米→淘洗→浸泡→蒸煮→离散→干燥→方便米

2. 方便豆的制备

豆类原料→浸泡→蒸煮→干燥→方便豆（绿豆、红小豆、芸豆等）

3. 糊料的制备

小麦粉→炒熟→粉碎→加入马铃薯淀粉和其他辅料→混合→造粒→干燥→粒状糊料

4. 速食八宝粥的制作

计量的方便米、方便豆、粒状糊料→配料混合→灭菌→计量→包装→验收→成品

（三）操作要点

1. 方便米的制备

（1）浸泡　将大米淘洗干净后，置于30℃水中浸泡8～20h。为了提高米粒的吸水速度可在浸泡水中添加适量的硫酸镁，也可以加入适量的酶、碱等使米粒充分吸水膨胀，提高糊化度且不易回生。

（2）蒸煮　将浸泡好的米置于0.2MPa的条件下，汽蒸30min，使米粒充分α化。若在蒸煮前添加适量的β-环状糊精，可提高其α化度。

（3）离散　大米蒸煮后，由于米粒已糊化，米粒之间会相互粘连甚至结块，影响米粒的均匀干燥，所以大米蒸好后，需立即放入15℃左右的温水中浸渍1～2min，其目是降低米粒表面黏性，防止因突然降温已糊化大米淀粉回生老化。

（4）干燥　利用网带式干燥机进行干燥，干燥过程中，干燥初段、中段、末段的热空气温度分别为100～120℃、80℃、60℃，将水分降至5%～7%。需注意的是，从汽蒸工序到干燥工序之间的操作时间间隙应尽可能短，以防淀粉回生。

2. 方便豆的制备

绿豆在30℃温水中浸泡6～12h，红小豆、紫芸豆在30℃温水中浸泡18～24h，然后将豆分别置于0.2MPa的压力下蒸25～35min，使豆充分α化。蒸好后，立即用90～110℃的热风干燥，使水分降为5%～7%。

3. 糊料的制备

（1）炒面粉　采用敞口炒锅或带搅拌装置的烘烤设备炒制面粉，炒制过程中需不断翻搅面粉，以免生熟不匀或发生焦煳现象。炒烤温度掌握在150～170℃，炒至面粉呈微黄色，无生面味。

（2）粉碎　由于炒面粉会造成面粉结小团，需将其粉碎至全部通过80目，否则成品冲泡时易结团。另外，将白砂糖、红糖也分别粉碎至全部通过60目。

（3）混合、造粒、干燥　将糊料按配方的比例计量、混合，混匀后加入占糊料总量10%～16%的米汤，再混匀，利用造粒机造粒成型，其粒度为8～12目。造粒成型的糊料用80℃左右热风干燥至水分为5%左右。

4. 成品的制作

将上述制备的方便米、方便豆、粒状糊料按配方的比例计量、混合、杀菌，再计量、包装后即为成品。

（四）成品质量标准

复水性：每小包为80g，食用时冲入400mL热开水，搅拌一下，8～10min即迅速复水成八宝粥；形态、色泽、口感：复水后呈均匀、稳定粥状，无液固分离现象，保持米、豆、果粒的真实形状并配有颗粒状糊料，呈浅棕红色，黏稠适中，香甜可口。

十二、即食芡实保健粥

（一）生产工艺流程

鲜芡实→清洗→去壳→护色
↓
糯米、薏苡仁、山药等→清洗→复水→挑选→配比混合→熬煮→灌装→排气密封→杀菌冷却→保温检验→成品

（二）操作要点

（1）脱壳　采用当天采收的新鲜、完整、无机械损伤的芡实；通过人工或机械将芡实外壳剥离，取出种子，再除去外皮，清洗得到完整的鲜芡实米。

（2）护色　芡实变色主要是因为芡实中含有大量的多酚化合物，由此引发的一系列酶促褐变和非酶促褐变，在这些褐变中以芡实的非酶促褐变为主。因此在加工过程中严禁和铁器工具接触，同时采用护色的办法防止芡实的非酶促褐变，以0.2%柠檬酸、0.05%$CaCl_2$混合溶液浸泡20min防止芡实的非酶促褐变。

（3）淮山药处理　将山药清洗、去皮后，以0.2%柠檬酸、1.0%NaCl和0.3%$CaCl_2$做混合溶液浸泡10min，以防止非酶褐变。然后将经护色后的山药按0.8～1cm的厚度进行切片，再切成1cm见方的丁状备用。

（4）糯米、薏苡仁处理　将糯米、薏苡仁经人工挑选去除各种杂质后，经清水洗净后用30℃左右温水浸泡软化3～4h，沥干水分后备用。

（5）空罐消毒　将空罐内部用85℃以上热水喷淋消毒5～8s，沥干水备用。

（6）配比混合、熬煮　先将糯米和薏苡仁等原料按照确定的比例混合，并添加8倍的清水，用大火煮至6～7成熟，然后加入护色清洗好的鲜芡实和山药丁且改为小火熬煮，当接近熟时，再加入经溶解过滤的白砂糖和稳定剂，轻轻搅拌即可。

芡实粥具体配比：以8.0%鲜芡实、2.0%薏苡仁、2.0%山药丁为主料，辅之6.0%糯米和适量桂圆及白砂糖，添加0.04%黄原胶和0.2%海藻酸钠的复合稳定剂，其余为纯净水。

（7）灌装、排气、密封　将熬好的芡实粥趁热装入事先洗净、消毒过的空罐，再经排气，待罐中心温度在65℃以上即可封口。

（8）杀菌、冷却　将排气密封的芡实粥罐头放入121℃、

0.1MPa 的杀菌锅中杀菌 30min，接着反压降温冷却至 40℃。

(9) 检验、装箱　杀菌冷却后，擦干罐外壁的水分，置于恒温箱 37℃中，保持 10 天，检查有无胀罐现象。检验合格再装箱、入库即为成品。

（三）成品质量标准

(1) 感官指标　粥体呈乳白色或浅白色，芡实米为浅白色或米黄色；具有芡实应有的清香和滋味，且香气协调，粥体软糯，口感细腻，甜度适口；形态均一、稳定，不分层。

(2) 理化指标　固形物≥55%，可溶性固形物按折射率计（20℃）应不低于 12%，pH 值 4.0～5.2。

(3) 微生物指标　应符合罐头食品商业无菌的要求。

十三、健脾养胃方便药粥

药粥是药膳的一种，是传统中医药的重要组成部分。药粥的主要功能是以谷物之力协同粥中之药来纠正脏腑机能的失调，补中养胃并矫正药物的不良反应，协同药物发挥药力，以达到增强机体抗病能力的目的。健脾养胃方便药粥是河北省中医院专家共同研制的一种药膳，它采用新型的食品加工设备，设计了药粥工业化生产的新工艺，经十几年的临床应用，疗效显著，而且本产品具有携带方便的特点。

（一）原料配方

炒山楂 5kg、鸡内金 5kg、茯苓 3kg、山药 3kg、薏苡仁 5kg、小米 79kg。

（二）生产工艺流程

粉碎薏苡仁、小米→混合→膨化→切割→烘干粉碎
↓
山药、鸡内金、茯苓、炒山楂→加水浸泡→煎煮→滤液混合→浓缩→浓缩液→混合→沸腾制粒→包装→成品

（三）操作要点

1. 药材提取及浓缩

（1）药材提取　药材备齐、净选，加水煎煮2次。第1煎，加10倍量的水，浸泡1h，在提取罐中加热，开锅煎煮4h；第2煎，加8倍量的水，开锅煎煮3h，静置沉淀，过滤，取上清液。

（2）药汁浓缩　真空度为0.05MPa，浓缩至相对密度为1.2时停止浓缩。

2. 膨化

（1）粉碎　薏苡仁和小米分别粉碎，过60目筛。

（2）膨化　将粉碎后的薏苡仁和小米粉按配比要求称量，并按加工要求在搅拌机内进行混合和增湿处理。增湿处理时要加纯净水，使得水分含量达到18%左右，以减少膨化机螺杆的负荷，保证最终产品有良好的品质。螺杆转速控制在235～295r/min，机筒温度控制在124～140℃。

（3）切割　膨化后的物料经模孔挤压出来，用高速切割刀切断，切刀转速固定为1400r/min，模孔宜选用球型模孔。

（4）烘干与粉碎　为使成品含水率控制在3%～7%，应进行烘干处理，待其冷却后再进行粉碎，细度要求达到60目以上。

3. 沸腾制粒

将粉料装入沸腾制粒机，一次装入量为80～130kg。打开电机，预混5～8min，使出口温度稳定在54～56℃，药汁通过料液泵喷射入制粒机内，喷液流量为0.8～1.5kg/min；喷雾压力为0.2MPa，喷射效果成雾状。进口热风温度为60℃、出口热风温度为50℃、物料温度为45℃，手动风门控制进风量，制粒初始风门旋开20°角，通过透视孔随时观察物料的流化状态，控制进风量，使其保持良好的状态。药汁喷完后，此时风压为0.55MPa、风量为3112m^3/h、干燥时间为60～90min，控制颗粒水分含量≤10%。

4. 包装

采用复合膜包装，包装规格为10g/袋。用自动粉剂包装机包装，连续自动完成包装、计量、填充、封合、分切等操作过程后即为成品。

十四、麦麸方便粥

（一）生产工艺流程

蒸煮→晾干→粉碎→复配→膨化→粉碎→调配→成品

（二）操作要点

(1) 蒸煮　将蒸锅内加水烧开放上笼屉笼布，麦麸每次25kg左右，放在蒸锅笼屉均匀摊平加笼盖蒸15～20min，去掉笼盖再蒸5min，取下蒸笼。通过蒸煮除去不良气味并使含臭成分发生热变。

(2) 晾干　将蒸笼里的麦麸倒在平台上，摊薄摊平，晾干。

(3) 复配　麦麸中淀粉含量较少，直接膨化效果不好，因此为增加物料在膨化时的熔融状态和膨化，需添加一定量的淀粉，另外为提高产品的蛋白含量还要复配大豆粉。用直式拨齿搅拌机将各种物料搅拌均匀，并在搅拌过程中慢慢加入水。具体比例：麦麸45%、大豆粉5%、淀粉25%、大米粉15%、水10%。

(4) 膨化　将预热的三区温度分别设定在180℃、180℃、160℃，膨化机转速110～130r/min，膨化压力3～8MPa，膨化机头为回转二次膨化的模芯，旋切刀转速800r/min，膨化产品切到长度在0.8～1.0cm。经过膨化麸粉的纤维素和木质素被彻底微粒化，并且产生了部分分子降解和结构变化，使产品的水溶性增强，提高了适口性。

(5) 粉碎　膨化后产品晾干后，再次进行粉碎，粉碎到80～100目。

(6) 调配　粉碎后的麦麸粉90%、白砂糖6%、奶粉4%调匀即为产品。

十五、米糠方便粥片

本产品是以米糠和碎米为主要原料，按天然糙米的组成进行配方，采用挤压技术生产的一种在方便性、适口性、营养性、消化率等方面优于天然糙米的方便粥片，供早餐、旅行和营养保健食品之用。

（一）生产工艺流程

原料预处理→配料→挤压膨化→造粒→冷却→压片→干燥→直接包装或与辅料混合包装→成品

（二）操作要点

（1）原料处理

① 碎米粉碎　取无沙石、金属等杂质的碎米，经粉碎机磨至50～60目。

② 米糠稳定化　将新鲜米糠用螺旋挤压机进行瞬间加热处理，使物料温度达130℃时产生膨化，水分降到6%～8%。这样可有效地抑制脂肪酶活性，延长米糠稳定时间，同时对米糠营养素破坏少。

（2）配料　在拌粉机内按碎米粉∶稳定化米糠＝10∶1的比例进行混合，再加水拌匀，加水量视原料含水量及产品要求确定，一般以物料含水量达到20%～25%为好。

（3）挤压膨化、造粒　挤压膨化是本工艺的关键工序。挤压机运转时，机筒三个区域温度设定为100℃、130℃、150℃，螺杆转速调节为100r/min。配好的物料进入挤压机后，随螺杆旋转沿轴向推进并逐渐压缩。由于强烈的搅拌、混合、摩擦、剪切以及来自机筒外部的热量，物料迅速升温升压，成为具有流动性的凝胶状态，然后通过特殊设计的模板被连续、均匀、稳定地挤出成条状。

物料出机的同时，由旋转切刀切割成大小均匀的小颗粒，并在常压下瞬间完成膨化过程，形成球形膨化半成品。

（4）冷却　物料造粒成型后，温度和水分较高，应进行冷却并挥发掉部分水分，以避免半成品相互粘连，同时使其表面硬化。冷却在底部装有风机的输送带上完成，冷却后的温度为40～60℃，水分降至15%～18%。

（5）压片　冷却的半成品经风送到钢辊压片机内压成厚度为0.5mm左右的薄片，薄片应平整、大小基本一致、内部组织均匀、气孔小。薄片厚度对产品复水性和口感有影响，过大过小均不适宜。压片时，半成品水分继续挥发，直至水分降至10%～14%。

（6）干燥　采用多层往复式或圆筒式烘干机，掌握温度100～160℃，时间5～15min，将半成品水分干燥至5%～8%，可使产品保质期达6个月以上，同时产生好闻的烘焙香。

（7）包装　将干燥后的谷物薄片直接装袋，食用时加入水或牛奶浸泡并佐以甜味或咸味调料，此种包装一般适于早餐用。如作为旅行食品，可将各种风味的辅料、调味料按一定比例同时装袋。

（三）成品质量标准

（1）感官要求　色泽自然，具有大米的烘焙香，无哈味或其他异味，产品直径为2～4mm，厚度1～1.5mm，外表平整，沸水浸泡3～5min仍保持片状，有适当的咀嚼感，不粘牙。

（2）理化指标　蛋白质（质量分数）≥7%，水分（质量分数）≤8%，脂肪（质量分数）≤5%。

十六、荞麦薏苡仁绿豆营养保健粥

（一）原料配方

荞麦5kg，薏苡仁4kg，绿豆11kg，糖32kg，添加剂用量为总量0.2%（最佳配比为黄原胶∶CMC∶β-环状糊精为3∶2∶5）。

（二）生产工艺流程

荞麦、薏苡仁、绿豆→选料→称重Ⅰ→清洗→煮豆→冷却→沥水→称重Ⅱ→充填→一次加汤→脱气→二次加汤→封罐→杀菌→冷却→成品

（三）操作要点

1. 原料预处理

（1）荞麦选料、清洗　去除霉变、虫蛀、变色、变味的荞麦和夹杂其间的砂石、异物。用洗米机反复冲洗10min至干净无异物，备用。

（2）绿豆选料、清洗　去除霉变、虫蛀、变色、变味的绿豆和夹杂其间的砂石、异物。用洗米机反复冲洗10min至干净无异物。

（3）煮绿豆　把夹层锅中的水加热至97℃，倒入绿豆，分别添加绿豆量0.4%的复合磷酸盐、质量分数为0.25%碳酸氢钠，与绿豆一起加入夹层锅，保持2min。

（4）绿豆冷却、沥水、称重　绿豆煮豆结束后排水，加冷水冷却至室温沥水，每次控制吸水率[(称重Ⅰ－称重Ⅱ)/称重Ⅰ]，使绿豆与水的质量比达到1∶1.1。

（5）薏苡仁选料、清洗　去除霉变、虫蛀、变色、变味的薏苡仁和夹杂中间的砂石、异物。用洗米机反复冲洗10min至干净无异物。

（6）浸泡薏苡仁　把夹层锅中的水加热至75℃，倒入薏苡仁，添加质量分数为0.3%的碳酸氢钠，与薏苡仁一起加入夹层锅，温度达到105～108℃，保持5min。

（7）薏苡仁冷却、沥水、称重　薏苡仁浸泡结束后排水，加冷

水冷却至室温沥水，每次控制吸水率，使薏苡仁与水的质量比达到1∶1.45。

2. 汤液制备

先将糖放入配制桶中加水溶解，再把少量糖与添加剂等配料在塑料桶中混匀后加水充分溶解，再倒入配制桶搅拌10min后测量。控制糖的质量分数为（10±0.2）%，pH值为8.6±0.5，密度为（1.042±0.005）mg/m^3。检验合格后经过120目筛过滤，通过90℃、20s的高温短时杀菌后送至加汤机。

3. 成品生产

（1）空罐清洗　先用纯水冲洗，然后用混合蒸汽加热的水喷淋杀菌。

（2）充填　将一定比例的绿豆、薏苡仁、荞麦充分拌匀后加入空罐内，并使每罐充填质量一致。

（3）一次加汤　加汤温度90℃，加入量占总加汤量的70%。

（4）脱气　将产品放入脱气箱，控制罐内中心出口时温度为80～85℃，目的是彻底清除罐内空气。

（5）二次加汤、封罐　将其余30%的汤液加入并立即封罐。

（6）杀菌　采用加压沸水杀菌，压力107.8kPa、121℃，保持20min，然后冷却至室温即为成品。成品为340g/罐，常温保存时间18个月。

（四）成品质量标准

（1）感官指标　天然黄绿色，均匀一致；稳定均一；有绿豆、荞麦、薏苡仁特有的清香；咀嚼有劲、细腻爽滑。

（2）理化指标　可溶性固形物（以折射率计）（12.5±0.5）%，pH值6.5±0.5，重金属含量符合国家标准规定。

（3）微生物指标　细菌总数≤30个/100mL，大肠杆菌数≤3个/100mL，致病菌不得检出。

十七、速食栗子粥

（一）原料配方

栗子 35％～40％，大米 17％～20％，小米 15％～17％，玉米 8％～10％，蛋黄粉 2％，砂糖 7％，麦芽糊精 3％，乙基麦芽酚 0.1％。

（二）生产工艺流程

栗子→去壳、衣→干燥→加大米、小米、玉米→膨化→加砂糖→粉碎→调配拌和→包装→成品

（三）操作要点

1. 原料处理

（1）栗子去壳、衣　去壳可采用机械或人工，先将栗子按大、中、小分开，在干燥箱中 100～150℃条件下干燥，使壳破裂，剥完外壳后再放入干燥箱中 65℃条件下干燥，使内衣脱离用风筛去内衣。

（2）膨化　将大米、小米、玉米去除草梗、石块、灰尘后与处理后的栗子混合，调整湿度在 12％～14％范围内，进入膨化机，膨化后切成 2cm 长的圆柱。

2. 粉碎、调配拌和、包装

将膨化后的物料按比例加入砂糖，粉碎后通过 80 目筛，再加入麦芽糊精、蛋黄粉、乙基麦芽酚，搅拌均匀，冷却后封口包装即为成品。

（四）成品质量标准

（1）感官指标　呈均匀淡黄粉末状；用 70℃以上的热水冲调后成糊状，口感细腻，具有栗子特有的风味。

（2）理化指标　蛋白质≥6g/100g，脂肪≥1.5g/100g，铁≥1.7mg/100g，钙≥6mg/100g，磷≥90mg/100g，锌≥1mg/100g，硒≥2mg/100g。

（3）微生物指标　细菌总数≤1000个/g，大肠菌群≤30个/100g，致病菌未检出。

十八、营养保健型复合清凉花粥

（一）生产工艺流程

糯米、小米→淘洗→浸泡→蒸煮
↓
百合花、桃花、菊花→清洗→煎煮→过滤→真空浓缩→浸膏→充填→脱气→封罐→杀菌→冷却→复合清凉花粥

（二）操作要点

（1）预处理　小米、糯米的选料、清洗，要求去除霉变、虫蛀、变色、变味的原料以及夹杂中间的砂石、异物，用洗米机反复冲洗干净；取百合花、桃花、菊花的花瓣，用清水洗去灰尘和杂物；空罐的清洗应先用纯水冲洗，然后用混合蒸汽加热的水喷淋杀菌。

（2）糯米、小米的煮制　将糯米、小米加入温水中浸泡3～4h后，倒入蒸煮锅中煮熟，在蒸煮过程中加入β-环状糊精，可提高其α化度，其添加量为糯米、小米总量的0.15%为最好。

（3）花卉浸膏的制备　将三种花卉分别加温水浸15min，每种花卉煎煮2次，每次1.5h，分次过滤，合并2次滤液真空浓缩至相对密度为1.25～1.30（70～80℃测定），冷却至40℃时缓慢加入乙醇，使乙醇含量达75%，充分搅拌均匀，静止12h后过滤，合并乙醇液，回收乙醇至无乙醇味，并继续浓缩至相对密度为1.30～1.34备用。

（4）充填、脱气、封罐　将煮熟的糯米、小米，百合花、桃

花、菊花的混合浸膏，过滤的汤液充分地搅拌均匀后加入空罐中，使每次的充填量重量一致。具体充填的比例：糯米和小米各60g，百合花浸膏、桃花浸膏、菊花浸膏20g，白砂糖30g、添加剂0.30g（黄原胶∶阿拉伯胶∶蔗糖酯∶瓜尔豆胶∶魔芋胶＝5∶3∶4∶1∶2），食盐0.02g。充填后按常规工艺进行脱气和封罐。

（5）杀菌、冷却　采用高压灭菌温度为121℃，保持20min，然后冷却至室温即为成品。

（三）成品质量标准

（1）感官指标　在糯米的乳白色中点缀了百合花、桃花的红色和小米、菊花的黄色，均匀一致，组织形态稳定均一，具有小米、花卉等原料的特殊香味，且香味浓郁、醇厚。

（2）理化指标　可溶性固性物（以折射率计）14%±0.5%，pH值6.5±0.5，重金属含量符合国家规定标准。

（3）微生物指标　细菌总数≤100个/100g，大肠杆菌群≤3个/100g，致病菌不得检出。

十九、营养方便粥

本产品是以籼米为主要原料，辅以山药、核桃等药食两用植物，通过挤压膨化工艺，研制的一种口感良好、营养丰富的方便粥食品。

（一）生产工艺流程

粉碎辅料和水
↓
籼米→粉碎→混合→挤压膨化→成型→干燥→检验→包装

（二）操作要点

（1）原料预处理　籼米用水洗净、沥干，粉碎至100目左右。

玉米脱胚后粉碎至100目左右，红枣洗净后脱核与洗净的山药、苡仁一起烘干粉碎至100目。

（2）配料　将籼米粉等粉末原料按比例加入混合机中，加入一定比例的水及调料混合均匀，此混合料的含水量在30%左右。

（3）膨化　膨化机预热温度为180℃，时间20～30min（电控加热），螺杆转速为60r/min，最终膨化温度以150～160℃为宜。

（4）成型、干燥、检验　原料膨化后从膨化机的喷头挤出，经过冷却后，剪切成颗粒状（与米粒大小类似），放入干燥设备中烘干，温度为80℃、时间10min左右。干燥后的产品水分应在3%～4%。经过检验合格包装即为成品。

（三）成品质量标准

（1）感官指标　淡黄色；奶香（少许药香），淡咸味；颗粒状；开水浸泡5min后，复水状况良好。

（2）理化指标　蛋白质≥7%，水分≤6%，铅（以Pb计）≤0.5mg/kg，砷（以As计）≤0.5mg/kg，铜（以Cu计）≤1.0mg/kg。

（3）微生物指标　细菌总数≤1000个/g，大肠菌群≤30个/100g，致病菌不得检出。

二十、营养降脂方便粥

本产品是一种既具有营养保健作用，又具有膳食充饥、防治肥胖作用的大众化老少皆宜的食品。

（一）生产工艺流程

辅料→冲洗→浸泡→煮制→过滤→渣→二次煮制→滤液（过滤所得滤液→并入滤液）

调料→挑选→清洗→去核→清洗→整理

主料→淘洗→浸泡→过滤沥干→蒸饭→打松→辊压→配制→干燥→放冷→装袋→成品

（二）操作要点

（1）原辅料　主料有粳米、红小豆；辅料有柴胡、白茯苓、泽泻、白芍；调料有山楂、红枣。

（2）原料清理　主、辅料都要保证质量，调料在使用前需要用自来水清洗干净。

（3）主料制备　在生产过程中，可将红小豆和粳米分别用冷水淘洗干净，在室温下用水加滤液润泡，粳米润泡 4h，红小豆则润泡 6～8h，以米、豆伸腰为度，然后将红小豆和粳米入锅同蒸，当粳米和红小豆蒸熟时，用拉耙打松、晾半干、辊压成坯，放入预先备好的红枣、山楂、白糖（适量），干燥去水，放冷装袋。

（4）辅料制备　将白茯苓、泽泻、白芍、柴胡按所需用量选取，在 50℃的水中浸泡 40min，再用原水煮 100min 后，过滤得滤液，其渣再加水煮制 40min，再次过滤，两次滤液混合均匀，经调制作为润泡粳米添加溶液。

（5）配制　按照一定的比例将经过处理的主料、辅料和调料进行混合调配，根据实际情况可进行甜味剂调节，加糖量不宜过多，其用量可相应调节，应加糖至微甜即可。

（6）包装　可以充氮袋式包装或使用稳定剂包装，以利长期存放。在包装时，要保证无菌操作，使成品有质量保证。

（三）成品质量标准

感官指标要求色泽乳白，不含杂质，无其他异味，理化指标和微生物指标执行国家有关食品标准。

二十一、杂粮快餐粥

（一）生产工艺流程

原料→预处理→煮制（蒸制）→冷冻→干燥→混合→包装→成品

（二）操作要点

（1）原辅料 小米、绿豆、豇豆、黄原胶和羧甲基纤维素钠。

（2）速食米制备 将洗净的小米迅速倒入锅内，保持95℃左右加热4～6min。煮米时加水量以米重的4～8倍为宜，煮米时间控制在5min左右；小米煮后取出放入蒸锅中利用100℃热蒸汽蒸30min，然后用室温水（最好17℃以下）浸渍1～2min，在－20℃条件下冷冻，解冻10min后利用鼓风干燥10min即得速食米。

（3）速食绿豆制备 绿豆除去杂物，用凉水浸泡12h，在100℃蒸汽猛蒸30min，至绿豆彻底熟化，大部分裂口为止。取出在－20℃条件下冷冻，最后鼓风干燥2～3h，至绿豆含水量达5%～7%为止。干燥后绿豆应有90%以上的开花率。

（4）速食豇豆制备 同速食绿豆，只是在蒸制前应煮制5min。

（5）混合 将上述制得的速食米、速食绿豆和速食豇豆按一定比例进行混合，为了使产品组织形态稳定均一，在产品中加入适量的黄原胶、羧甲基纤维素钠复合增稠剂。

（6）包装 将已配比好的产品进行抽真空包装即为成品。

二十二、方便营养肉粥

（一）生产工艺流程

肉处理→肉末或肉粒 熟制面粉和调味料
↓ ↓
大米处理→糊化干燥米→混合搅拌→调配→检验→计量→包装→成品

（二）操作要点

1. 大米处理

大米的处理主要分以下几步完成。

（1）炒制 取水分含量为14.5%的精白米510g，放入直径

33cm 的铁锅中，炒 15min，取 5g 测定其水分含量为 7%。

（2）第一次糊化　将炒好的米粒立即放入沸水中，使米粒表面形成糊化淀粉层，以防止在下道工序中米粒破损，沸水量约为炒米质量的 4 倍。向沸水中投入炒米后，在 100℃左右的温度下继续加热 10～15min，使米粒进一步膨润，促进淀粉糊化。再添加 90℃的热水，用量同前。不加热放置 10～15min，使温度降至 80～90℃，使米粒在不破损的情况下继续膨润。为了使在热水中放置的膨润米，在不破损的情况下进一步膨润，要在 100℃左右的温度下蒸 15min。通过这道工序，可在不损失米粒中所含营养成分的条件下，除掉剩余水分，以便在调味液中浸渍并冷却时，调味液容易渗透到米粒中，有利于调味。

（3）第二次糊化　将上述的原料再添加 90℃热水 2000g，不加热，加盖放置 10min，使米粒在不破损的情况进一步吸水膨润，促进淀粉糊化。将糊化米移入蒸笼，在 100℃温度下蒸 15min，除掉米粒中吸收或附着的多余水分，米粒淀粉继续膨润、糊化，形成大小相当于普通饭粒 2 倍的米粒。

（4）冷却　为了防止蒸后的米粒淀粉回生，应将米粒放在室温或室温以下的水中浸渍、急冷。如果在浸渍水中添加适量食盐、酱油和调味品，则制成适合加工什锦粥的方便米。但是，无论是用水还是用调味液，都应尽量缩短浸渍时间，以防止养分流失。将经过浸渍、冷却后的米粒取出，充分沥水，可得到米粒无破损、膨胀状态相当于普通米饭 2 倍左右的方便米。

（5）干燥　取 1400g 糊化米，放入冷冻真空干燥机中，在 −30℃的条件下低温冻结后，再在 100℃高温中干燥 14h，得到水分含量 4%的干燥米 290g。

2. 肉的处理

可根据不同消费者的口味加工处理为肉末或肉粒。

（1）肉末的加工方法　选用新鲜健康的家畜精瘦肉为原料，剔除骨、皮、脂肪、淋巴、筋腱、血管等不易加工的部分，然后顺着肌肉纹路的方向切成3cm左右宽的肉条，清洗干净，沥水备用。把肉放入锅内，加入与肉等量的水，煮沸，并继续煮制，在煮制的过程中要不断翻动并去浮油，直到将肉煮烂，将煮烂的肉块通过粉碎机粉碎，然后在锅内或烘箱内干燥成酥脆的粉状即可。

(2) 肉粒的加工方法　选用健康新鲜的家畜肉为原料，去骨、脂肪、淋巴、血管等部分，然后切成500g左右的肉块，并用水漂洗后投入到沸水中预煮30min，同时不断去除浮沫，待肉块切开呈粉红色后，即可捞出凉凉，然后切成细粒。取一部分预煮的汤汁加入配料，熬煮，将半成品倒入锅内，用小火煮制，并不时轻轻翻动，等汤汁快要收干时，把肉粒沥干。把沥干后的肉粒平铺在不锈钢网盘上，放入烘房或烘箱，温度控制在50～60℃，烘烤4～8h即可。

3. 熟制面粉的处理

将面粉用水蒸气加热15min，使面粉变性即可。

4. 调味料的配方与制法

(1) 番茄粉　选用八成熟的新鲜番茄，洗净、沥干、切片，在真空干燥箱中烘干，温度控制在60～70℃，直至水分含量小于8%，取出，常温冷却后粉碎，过60目筛即为番茄粉。

(2) 香油　用花生油加热80℃以上，萃取花椒、葱、姜，然后冷却过滤。

(3) 调配混合　将花椒、味精、砂糖粉碎过60目筛，按番茄粉100g、食盐300g、味精500g、香油20g、砂糖20g、葱粉25g、花椒粉10g、酱油粉5g、糊精80g进行均匀混合。

(4) 灭菌　混合粉放入水蒸气双层锅中，在气压为49kPa时，加热灭菌10min，并不断搅拌，出锅散凉。

(5) 装袋　冷却后的料每小袋10g。

5. 调配、检验、计量、包装

按肉25%、大米65%、调味料10%的比例进行配比，混合均匀后，经过检验和计量后进行包装即为成品。

二十三、元蘑营养粥

（一）原料配方

元蘑 12kg（湿质量）、糯米 13kg、大米 2kg、绿豆 12kg、银耳 5kg、胡萝卜 3kg、食盐 1.3kg、鸡精 300g、加水量 530L。复配增稠剂（黄原胶和海藻酸钠）的最佳配比为 2∶3，添加量为 0.08%，稳定剂（蔗糖脂肪酸酯）的添加量为 0.09%。

（二）生产工艺流程

元蘑、糯米→煮制→加大米煮制→加绿豆、胡萝卜、银耳、增稠剂、稳定剂等煮制→加食盐和味精→灌装→高压灭菌→封盖→冷却→成品

（三）操作要点

（1）原辅料选择　选择优质东北一等元蘑干制品，要求色泽鲜艳、肉质厚、无虫蛀、无霉变、无污染；糯米、大米选用一级以上产品，要求颗粒饱满，无霉变、无虫蛀，色泽鲜艳；绿豆、胡萝卜、银耳均选当年新产的，要求无污染、无霉变、无虫蛀、无杂质。

（2）预处理　绿豆提前洗净后浸泡过夜，并用沸水煮制约 5min，捞出用冷水冲洗，沥干水分备用；胡萝卜清洗干净后切成均匀的小方块备用；银耳提前浸泡 20min 左右，沥干水分，切碎备用。元蘑要预先进行浸泡，其最佳复水条件：浸泡时间 30min，浸泡温度 20℃，料液比 1∶20。

（3）煮制　采用分步煮料法煮制，各个工序均需搅拌，避免出现煳锅，使粥中各种原料均达到熟而不烂、外观整齐的状态。原料与水的比例应根据最终产品的稀稠度、体态来确定。取一定量的水倒入锅中加热，总煮粥时间 20min，当水沸腾后将元蘑、糯米加入

煮制，10min后加入大米，在15min时加入绿豆、胡萝卜、银耳、增稠剂、稳定剂，出锅前粥中加入食盐和鸡精搅匀即可，这时制得的粥汁即成稳定的溶胶状态。

（4）灌装、杀菌、封盖 采用玻璃瓶罐，趁热灌装封盖，置于120℃下高压灭菌20min，密封瓶盖，以保证罐内能形成较好的真空度。封盖后经过冷却合格者即为成品。

（四）成品质量标准

（1）感官指标 元蘑营养粥具有特有的香味，色泽呈浅棕色，爽目，口感爽滑细腻、鲜味适中、无异味，组织状态均匀一致，贮藏期间产品稳定性较好，无分层、无结块。

（2）理化指标 净含量≥250g，固形物≥55%，pH值5.4～6.0，蛋白质1.1%，总糖7.44%。

（3）微生物指标 细菌总数≤140个/g，大肠杆菌≤340个/100g，致病菌未检出。

二十四、速冻微波方便粥——红枣山药粥

（一）原料配方

糯米4.16%、玉米1.66%、绿豆1.11%、山药3.47%、红枣4.16%、白砂糖2.22%、水83.22%，瓜儿豆胶0.20%（以糯米、玉米、绿豆的总量计）。

（二）生产工艺流程

山药→削皮→清洗→煮制
↓
红枣→浸泡→煮制→打浆→混合→包装→称量→速冻→成品

（三）操作要点

（1）原料选择 要求所有原料色泽均匀、颗粒整齐、无虫害、

无霉变、无杂质。山药选择粗细一致、无腐烂、无霉变斑点的铁棍山药。红枣选择粒大、饱满、无虫眼、无霉变的金丝大枣。

（2）浸泡　将绿豆、红枣用50～60℃温水浸泡1～2h，糯米浸泡30～60min，浸泡后的绿豆、红枣、糯米吸水易煮。

（3）煮制　先将水加热沸腾，将绿豆放入沸水中，180℃煮制6min，然后加入糯米、玉米和瓜儿豆胶（瓜儿豆胶要事先用60℃左右的温水溶解），再煮制10min即可。

（4）山药的处理　将山药去皮利用清水进行清洗。然后用刀切成10cm长的段，将其放入沸水中煮制5min左右，再切成0.5～1.0cm均匀椭圆片，要求厚度均匀不影响速冻效果。

（5）红枣煮制、打浆　红枣浸泡后煮至枣皮可轻易脱去，用网筛筛去枣皮和枣核，然后放入打浆机中打浆。

（6）混合、包装、称量、速冻　将煮好的糯米粥盛放在容器最下面，粥上面依次盛放红枣浆、山药，同时加入已溶解的白砂糖，然后盖上杯盖。在速冻前要称量其重量，将已熟制好且包装好的粥放进－40℃冰箱冷冻一段时间，使粥的中心温度达到－18℃，经过冷冻后即为成品。如果需要食用，最佳复热条件为微波炉快速解冻2min，然后高温加热4min即可食用。

（四）成品质量标准

（1）感官指标　粥呈现大米、绿豆、玉米等煮熟后的自然色泽，均匀稳定，带有枣的色泽；组织形态完整，呈糯软粥状，无硬粒和回生现象，固形物中山药含量适当；红枣香味适中，有粥的米香味和绿豆味；甜度适中可口；黏稠度适中，滑爽，不粘牙，不分层。

（2）理化指标　蛋白质≤2%，脂肪≤1.2%，重金属符合GB/T 5009—2003食品卫生检验方法要求，食品添加剂符合GB 2760—2014食品添加剂使用卫生标准规定。

（3）微生物指标　菌落总数≤100个/g，大肠菌落＜30个/g，致病菌不得检出。

二十五、牛乳鱼粥

（一）生产工艺流程

原料预处理—┬—鱼下脚料→制鱼汤———————↓
　　　　　　└—鱼肉→制鱼糜→去腥、漂洗→精滤机精滤→制鱼胶→熟制→入模具成型、速冻→包装→检验→成品

（二）操作要点

(1) 原料预处理　在市场上挑选鱼体完整的鲜活草鱼，宰杀后去鳞、内脏、鱼头，沿脊椎骨开片，去除脊骨，清洗干净。

(2) 制鱼糜　将开好的鱼块，入鱼肉分离机中制成鱼糜。用草鱼的下脚料，加洋葱、西芹、胡萝卜制成鱼浓汤，过滤后待用。

(3) 去腥、漂洗　将鱼糜放入茶多酚溶液中（称取0.5g的茶多酚，放入100mL的温水中制成茶多酚溶液）浸泡20min去腥，取出后用20℃左右的软水清洗3次，以鱼肉颜色为淡黄色为准。

(4) 精滤机精滤　将脱腥后的鱼糜入鱼肉精滤机中精滤，去除一些细小的鱼刺、鱼筋。

(5) 制鱼胶　鱼糜放入搅拌机中，加入鱼汤、奶粉、猪油、食盐、蛋清、马铃薯淀粉、海藻酸钠，鱼浓汤逐渐加入，先低速再高速搅拌使其成为鱼胶。各种原辅料最佳配方：草鱼肉100g、奶粉60g、淀粉50g、猪油20g、鱼汤240mL、茶多酚0.05g、蛋清50g、食盐4g、海藻酸钠0.02g。

(6) 熟制　将制得的鱼胶入锅中加热、搅拌成粥状，锅内温度控制在90～95℃。在熟制过程中要不断地搅拌，防止鱼胶粘锅，出现焦煳或者颜色发黄等影响产品口感和色泽的现象产生。

(7) 入模成型、冷冻　将鱼粥放入具有一定造型的模具中成型，并立刻放入速冻柜中进行快速冷冻5min，使得产品中心温度

达到－18℃以下。

（8）包装、检验　将冷冻好的鱼粥脱模，放入真空包装袋中，立即进行真空包装，真空度控制在0.01MPa。包装后经过检验合格者即为成品。

（三）成品质量标准

（1）感官指标　呈乳白色，色泽稳定，分布均匀；厚薄适中，无水纹，无颗粒，无杂质；滑爽、细腻；味咸鲜，鱼鲜、奶香味均衡。

（2）理化指标　蛋白质≥15％，脂肪≤14％，灰分≤3.5％，重金属符合GB/T 5009—2003食品卫生检验方法要求，食品添加剂符合GB 2760—2014食品添加剂使用卫生标准规定。

（3）微生物指标　菌落总数≤100个/g，大肠菌群≤30个/100g，致病菌不得检出。

第四章

食用羹类加工技术

第一节　谷物类羹加工技术

一、黑玉米营养羹

黑玉米的主要成分是淀粉，且含有大量纤维素，质地坚硬，不易糊化，采用一般的加热手段难以将其生淀粉转化为熟淀粉。但是，采用挤压膨化技术，将黑玉米经高温高压快速膨化后，则可以使其内部组织疏松，淀粉、蛋白质结构改变，水浸出率提高，从而有利于消化酶的渗入，而且由于膨化过程时间短，对原料的营养破坏较小。

本产品是以黑玉米为主料，加入黑米和黑大豆等辅料，采用挤压膨化技术，研制出的黑玉米营养羹产品。

（一）生产工艺流程

黑玉米＋黑大豆＋黑米＋薏米＋淮山等→混合→调配→破碎→水分调整→挤压膨化→切条→粉碎→混合调配→粉碎→过筛→水分调整→灭菌→包装→成品

↑（混合调配）

甜味剂＋熟化黑芝麻

（二）操作要点

（1）原料挑选　以黑玉米、黑米、黑大豆作原料，要求新鲜、无霉变，并且要剔除砂子和石块等杂物。

（2）原料水分调整　将原料混合破碎后，用喷雾加湿设备调湿，并将原料堆放在一起，保持一定时间均湿，使原料内外水分渗透均匀。

(3) 挤压膨化　调整膨化机的有关参数，使进料速度、螺杆转速、挤压压力等参数，处在适宜的范围内。

(4) 配方　黑玉米、黑米和黑大豆等占总量的近80%，薏米、淮山、芡实、麦芽和枸杞等辅料的总量不超过20%，成品中砂糖的含量应控制在25%以下。

(5) 粉碎过筛　经粉碎机粉碎后，再过80目筛。

(6) 水分调整、灭菌　成品水分调节与灭菌用微波处理设备，调节成品水分为5%～7%，同时控制处理时间，确保杀菌效果。

本工艺的关键技术，在于控制膨化机的螺杆转速，调整好物料粒度和含水量。经反复试验结果表明，螺杆转速控制在400～600r/min，可以保证原料充分膨化所需的温度和压力；物料粒度在14～18目，含水量在20%～25%，可以保证原料淀粉完全α化，使淀粉和蛋白质等大分子微晶束中氢键被破坏，极性基团游离出来，以利于人体消化吸收。

黑玉米营养羹产品，保留了黑玉米等原料的天然色泽和风味，粉状，干燥，松散，不结块，冲调性佳，分散性好，细腻可口，冲调后呈乌黑色，适合于男女老少四季享用。

该产品还可针对不同消费群体进行配方调整，生产系列产品。如针对婴幼儿食用，可添加奶粉、牛磺酸及强化钙、铁、锌等营养素。

二、黑玉米羹罐头

黑玉米羹罐头，又称奶油状黑玉米罐头，也叫黑玉米糊罐头。一般作为方便早餐食品直接食用，也可作为餐馆、家庭的烹饪原料，供制作各种菜肴和汤类等食品用。

（一）生产工艺流程

原料→去苞叶→清洗→搓粒→配料→预煮→装罐→排气→封罐→杀菌→

冷却→保温→打检贴标→包装入库→成品

（二）操作要点

（1）原料要求　对原料去苞叶进行清洗，要求果穗整齐，大小适中，粒长皮薄，出籽率高，易去花丝，易脱粒，粒色和甜味纯正，无虫蛀，无霉烂变质粒。

（2）搓粒　将清洗干净的黑玉米棒，用不锈钢刀或叉刀，刮下黑玉米粒及玉米浆。有时为了保持物料颗粒均匀，提高产品稠度，可将玉米粒进行适当的破碎处理。糨糊中允许有极少量胚芽存在。整个过程应保持清洁和卫生，防止杂质混入。

（3）配料　将黑玉米糊 60kg 放入不锈钢夹层锅内，加入凉开水 40L 和已经溶化并过滤好的白砂糖 3kg、精盐 0.5kg 混合，搅拌均匀，立即预煮。

（4）预煮　预煮时间要短，否则会失去特有的鲜嫩性及流动性。预煮温度为 100℃。煮时要不断搅拌，使其受热均匀。煮沸 1～2min 即可装罐。

预煮后的糊状黑玉米，应为细碎颗粒，呈糊浆状，稠度均匀。若黏稠度较低，可在配料中或在预煮时加入适量的黏多糖增稠剂，或者加适量玉米淀粉，以提高产品的黏稠度。黏稠度的把握应该是，在装罐杀菌并冷却后，开罐将黑玉米糊倒出，其开始成土丘状，并可向四周缓慢流动为宜。

（5）装罐　根据罐型的不同，可加入适量预煮后的糊状物，装量顶隙要符合国家的有关标准，如罐型 7116，净重为 425g。

（6）排气与封罐　真空排气，真空度应达 53～60kPa；加热排气，可采用 30min/100℃ 的工作标准，掌握罐中心温度应不低于 75℃。排气后封罐，再进行杀菌处理。

（7）杀菌　杀菌公式为 10′—60′—15′/115℃。杀菌后迅速冷却，擦罐保温，打检贴标，包装入库。

三、甜玉米羹罐头

甜玉米羹罐头，是以乳熟期的甜玉米为原料，经脱粒、刮浆等工序加工成的含玉米粒的粥状产品，可以直接食用，但一般以烹调加工成汤类食品者较多。

（一）生产工艺流程

甜玉米→原料验收→去苞叶、花丝→修整→清洗→脱粒、刮浆→预煮→调味→装罐→称量→真空封口→洗罐→杀菌→冷却→擦罐→保温检验→装箱→成品

（二）操作要点

（1）原料验收，去苞叶与花丝　采收时，甜玉米的苞叶应为青绿色，粒应饱满，颜色为黄色或淡黄色，色泽均匀，无染色粒，子粒大小及子粒排列应均匀整齐，其秃尖、缺粒、虫蛀现象不严重。加工前，人工剥去玉米苞叶，去除玉米须。

（2）挑选　可以用软包装玉米穗罐头或速冻玉米穗的次品作为原料，但对玉米穗的杂粒、虫蛀与霉烂粒，以及成熟度的要求不能降低，只不过对玉米穗的直径、穗长、缺粒限度的要求有所降低。

（3）清洗　用流动水对玉米棒认真进行清洗。

（4）脱粒与刮浆　首先以人工或脱粒机进行脱粒。脱粒时，大约从玉米粒的1/2处进刀切下玉米粒。这样做第一可以保证成品中没有或很少有玉米穗轴的碎屑，第二可以使玉米羹中的玉米粒不至于过大。将脱过粒的玉米穗，再用刀背将玉米浆刮下。玉米粒和玉米浆要分别存放。玉米粒与玉米浆的比65∶35。

（5）预煮与调味　在糖化锅中放入120L清水，加入25kg白砂糖和1.5kg食盐，加热至100℃。糖和盐溶化后，对溶液过滤，注入夹层锅内，继续通蒸汽加热。当糖液的温度达100℃时，将

65kg玉米粒放入夹层锅预煮，保持沸腾状态3～5min。然后把35kg玉米浆倒入夹层锅，继续煮沸3～5min，其间要不断搅拌。将4kg玉米淀粉预先用少量清水调成淀粉浆，20g异维生素C用水溶化，在玉米浆加入后把淀粉浆和异维生素C加入。然后，将预煮后的玉米羹倒入贮料罐中。

（6）灌装　为了保证装填量的准确和玉米羹不污染罐口，一般采用灌装机装罐。如果采用人工灌装，必须注意不要污染罐口。装罐时，玉米羹的温度不应低于80℃。罐具采用7113型马口铁涂料罐，装填量为425g，顶隙为6～8mm。为了保证装填量的准确，应该逐罐进行净含量的校对，允许的公差为±3%。

（7）真空封罐与洗罐　密封时的真空度为0.03～0.05MPa。密封后，应及时擦洗掉罐外壁沾带的玉米浆，否则杀菌后不易擦除。从密封至杀菌的时间，不宜超过30min。

（8）杀菌与冷却　杀菌公式为15′—65′—20′/121℃，即升温时间为15min，121℃的温度保持65min，20min反压冷却至罐头中心温度为40℃以下。

（9）擦罐、保温与检验　冷却后，擦去罐头表面的水分，直接送入保温库，在37℃条件下保温7昼夜后进行打检，剔除密封不严和胀罐等不合格产品。

（三）成品质量标准

（1）感官指标　呈淡黄色或金黄色；具有甜玉米罐头特有的滋味与气味，无不良气味；玉米羹内的玉米粒饱满，粥体均匀一致；允许产品中有极少量的玉米花丝，不允许有其他杂质。

（2）理化指标　净含量为425g，允许公差为±3%，每批产品平均净重不低于标准重量；固形物含量不低于25%，其中颗粒状固形物不少于65%，每批产品平均不低于标明固形物含量；食盐含量为0.5%～1.0%，锡（以Sn计）≤150mg/kg，铜（以Cu计）≤5.0mg/kg，铅（以Pb计）≤1.0mg/kg，砷（以As计）≤0.5mg/kg。

（3）卫生指标　符合罐头食品商业无菌要求。

四、玉米笋羹罐头

玉米笋羹罐头，是利用制作玉米笋罐头的残次料加工而成。这不仅避免了原料的浪费，而且加工工艺简单，成本低。

（一）生产配方

玉米笋 100kg，淀粉 6kg，白砂糖 15kg，精盐 1.5kg。

（二）生产工艺流程

玉米笋残次品原料→验收→清洗→预煮→冷却→破碎→蒸制→调配→灌装→真空封罐→洗罐→杀菌→擦罐→保温检验→装箱→成品

（三）操作要点

（1）玉米笋残次品原料验收　虽然是残次原料，但对虫蛀、木质化等有严重问题的玉米笋，以及玉米须与苞叶等杂质也应剔除，而且原料存放的时间不应超过 24h。

（2）清洗　用清水冲洗污物，进一步除去玉米笋表面的花丝。

（3）预煮　夹层锅内放入 100L 清水，加入 150g 柠檬酸，配成 0.15%的溶液。待水沸腾后，把 100kg 玉米笋分两批投入夹层锅内，进行预煮，预煮时间为 5min。

（4）冷却与漂洗　将预煮后的玉米笋，立即放进流动的清水中充分冷却，同时除去笋上的部分柠檬酸。

（5）破碎、煮制与调配　用破碎机将玉米笋破碎成米粒大小的颗粒，然后再放入夹层锅，再加入 50L 水进行煮制，时间为 20min。将 15kg 白砂糖用 15L 水加热至 100℃，待糖溶化后过滤；6kg 淀粉用 10L 水调成淀粉浆；精盐用少量热水溶化并过滤。在煮制过程中，将糖、玉米浆、盐水倒入笋羹内，并不断搅拌，直至煮制结束。如果要改善玉米笋羹的风味，可以在煮制过程中加入风味改良剂。

(6) 灌装、排气与密封　装罐时，不能使玉米浆和玉米粒污染罐边封口，也不能用工具敲打罐边封口，以防因罐口有杂质和变形，而影响密封质量。采用真空密封的方法是将罐头置于真空封口机的真空室内，在抽气的同时进行封口，排气、密封一步完成。封口机的工作真空度为0.06～0.07MPa。

(7) 杀菌与冷却　密封后的实罐应立即进行杀菌。杀菌公式为10′—45′—20′/121℃，即10min将温度升至121℃，在此温度下保持45min，反压冷却20min，使温度降至40℃。

(8) 擦罐、保温与检验　擦干罐头表面的水，以防罐身焊缝及封口处生锈。罐头擦干后，立即送入保温库内，在37℃下保温7昼夜，经质量检验合格后，即可装箱入库。

(四) 成品质量标准

(1) 感官指标　具有玉米笋羹应有的乳黄色；具有玉米笋特有的清香，无异味，口味酸甜适口，略带咸味，口感细腻；颗粒状黏稠液体，允许有极少量的玉米须。

(2) 理化指标　糖度≥7%，氯化钠含量0.5%～1.0%，锡(以Sn计)≤150mg/kg，砷(以As计)≤0.5mg/kg，铜(以Cu计)≤5.0mg/kg，铅(以Pb计)≤1.0mg/kg。

(3) 卫生指标　符合罐头食品商业无菌的要求。

五、甜玉米粒粒羹

本产品是以新鲜甜玉米和干玉米粒为主要原料加工而成。

(一) 生产工艺流程

原料采收→预冷→剥苞衣、去须、清洗→脱粒→预煮→打浆→过滤→调配→均质→灌装→排气→封口→杀菌→冷却→检验→成品

↑（接灌装）

处理好的玉米粒←冷却←蒸煮←浸泡←干玉米粒

（二）操作要点

（1）原料　取鲜嫩优质的甜玉米为原料。

（2）采收、预冷　为保证质量，应及时采收、加工，若不能立即进行加工，应带苞叶低温贮存，贮藏温度为10℃。

（3）去须、清洗　将冷却的甜玉米去苞叶、须，并去除虫蛀、霉烂的子粒，用清水冲洗干净进入下一道工序。

（4）脱粒　将清洗干净的玉米利用不锈钢刀将玉米粒刮下，尽量减少表皮损伤，避免营养成分的损失，并准确称量玉米粒的重量。

（5）预煮　将脱下的玉米粒在80～85℃下蒸煮15min，钝化酶的活性，有利于稳定色泽、改善组织和风味（有一定的熟食感）。

（6）打浆　将玉米粒与水按1∶1的比例送入打浆机进行打浆，打浆时间为1min，打好的浆液静置一段时间，使营养成分在水中更好地溶解。

（7）过滤　把打好的浆液先用较粗的纱网进行粗滤，以除去大部分皮渣，然后用40目纱网过滤。

（8）调配

① 配方　原汁15.0%，玉米粒4.0%，C型果粒悬浮剂0.12%，黄原胶0.04%，魔芋胶0.02%，β-环状糊精0.02%，白砂糖4.0%，蛋白糖0.033%，柠檬酸0.10%，乳酸钙0.20%，蔗糖酯0.02%，其余为饮用水。

② 调配　将C型果粒悬浮剂与称好的白砂糖粉末混合均匀，分数次加入到冷水中搅拌均匀，搅拌并加热升温到95℃左右，保温约10min，完全溶解后，趁热加入玉米浆液中；黄原胶和魔芋胶等稳定增稠剂分别用温水溶解后，倒入打浆机搅拌均匀后分别与其他材料加入到配料锅中，加水定容。

(9) 均质 将调配好的浆料液加热到74℃左右，保温10min，经胶体磨细磨2次。

(10) 灌装、排气、封口、杀菌 按照成品要求将调配好的各种原辅料和经浸泡、蒸煮、冷却的干玉米粒进行定量灌装，经排气、封口后进行杀菌，杀菌公式15′—20′—15′/121℃，杀菌结束后经冷却、检验，合格者即为成品。

(三) 成品质量标准

(1) 感官指标 淡黄色或乳白色；具有嫩玉米蒸熟时的特有芳香味，口味纯正，无不良风味和蒸煮味；混浊度均匀，允许有少量沉淀，但是轻轻振荡后沉淀立即溶解；不允许有任何杂质存在；玉米颗粒能均匀地分散在粒粒羹中，不下沉，悬浮性良好。

(2) 理化指标 总糖≥4.0g/100mL，可溶性固形物≥5.0%，黏度≤9mPa·s，砷（以As计）≤0.5mg/kg，铅（以Pb计）≤1.0mg/kg，铜（以Cu计）≤10mg/kg，食品添加剂按GB 2760—2014执行。

(3) 微生物指标 细菌总数≤100个/mL，大肠菌群数≤6个/100mL，致病菌不得检出。

六、纯天然嫩玉米羹

(一) 生产工艺流程

原料选择→预煮→脱粒→脱皮冲洗→斩拌→勾汤酸料熬制→装罐→杀菌→检验→包装→成品

(二) 操作要点

(1) 原料挑选 天然嫩玉米要经过认真地挑选，去除有病虫害的玉米及过老的玉米棒。

(2) 预煮 经挑选合格的玉米棒放入不锈钢夹层锅内开水煮

30imn，出锅后及时倒入冷水中进行冷却。

（3）脱粒 预煮冷却后的玉米棒，要利用脱粒机及时进行脱粒，脱粒后要将虫蛀霉变的玉米粒去除，脱粒后倒入冷水中浸泡。

（4）脱皮冲洗 将玉米粒倒入8%的NaOH溶液中，温度50℃、时间1min即可脱皮，然后用水冲洗，洗净后的玉米粒再倒入2%的柠檬酸中浸泡35min，然后进行pH值测试，达到既无碱味也无酸味为合格。

（5）斩拌 经脱皮漂洗合格的玉米粒计量80kg后进行斩拌，要严格掌握破碎大小程度，以每粒2～3瓣为宜，允许有少量整粒，但不能斩得太细。

（6）勾汤酸料熬制 斩拌后的玉米倒入不锈钢夹层锅中按比例加入160kg的水搅拌，将水烧开熬30min，然后按照配方分别加入精制优质淀粉150g、白砂糖3000g、盐250g，也可加入蜂蜜500g、山梨酸钾20g、奶油香料10g、香兰素10g等搅拌均匀后方可出锅。在熬制过程中要调整阀门，保证气压正常，做到安全操作。

（7）装罐、杀菌 装罐时要搅拌均匀，每罐装560g。装罐后立即进行杀菌，杀菌公式15′—40′—25′/121℃。

（8）检验、包装 杀菌后的罐头冷却到37～40℃，要冲洗干净码垛保温7天。经过7天保温检验，合格者即可进行贴标签包装。

七、玉乳羹

（一）原料配方

配方一：膨化玉米粉（60目）57%、脱脂大豆粉（100目）14%、奶粉6%、蔗糖粉21%、芝麻（部分磨碎）2%。

配方二：膨化玉米粉（60目）65%、奶粉12%、蔗糖粉21%、芝麻（部分磨碎）2%。

（二）生产工艺流程

脱腥全脂大豆粉、奶粉、蔗糖粉、芝麻等辅料
↓
原料选择→磨粉→挤压膨化→冷却→切断→干燥→磨粉→混合→包装→成品

（三）操作要点

（1）原料选择　选取新鲜、饱满的优质玉米为原料，经筛选机进行筛选，除去杂质。

（2）磨粉　将选好的玉米经磨粉机磨成50～60目玉米粉。

（3）挤压膨化　将玉米粉通过挤压膨化机挤压膨化，改变其理化属性。玉米粉在高温170℃左右和0.5～0.7MPa高压作用下，产生纹理组织，达到糊化程度，变成凝胶状态，具有很好的水溶性，便于溶解、消化和吸收。

（4）冷却　经挤压膨化机挤压的物料温度较高需要将其冷却到30～40℃。水分可降到17%～19%。

（5）切断、干燥、磨粉　将冷却后的物料进行切断待进一步加工。由于物料此时水分含量较高需经干燥处理。将干燥的物料磨粉，磨成80～90目粉。

（6）混合、包装　将磨好的玉米同脱腥全脂大豆粉、奶粉、蔗糖粉等混合，可制出不同的风味——乳香型、芝麻型、可可型、清淡型。将各种原辅料按照配方规定量充分混合均匀后，可用手工装袋、封口包装，或选用自动包装机包装，将成品分装、密封袋口即为成品。

（四）成品质量标准

（1）感官指标　除可可型为咖啡色外，其他均为淡黄色；具有各种风味；松散细腻粉状；用60～80℃开水可冲调成均匀糊状物，无明显结块。

（2）理化指标　水分≥12%，蛋白质≤8%，脂肪≥3%，总糖

≥10%，细度≥80目。

（3）微生物指标　符合GB 4789—2010标准要求。

（4）保存期　6个月。

八、黑米羹

（一）原料配方

黑米50kg、黑芝麻9.1kg、白糖粉31.8kg。

（二）生产工艺流程

黑芝麻→炒制　白糖粉
↓　↓
黑米→筛选→膨化→粉碎→混合搅拌→过筛→计量→包装→成品

（三）操作要点

（1）原料处理　将黑米经过筛选去除各种杂质，利用清水洗干净，沥干水分，并进行干燥；白糖利用粉碎机将其粉碎成粉。黑芝麻经过除杂后炒熟。

（2）膨化、粉碎　将经过上述处理后的黑米送入膨化机中进行膨化处理，然后和炒熟的黑芝麻一起利用粉碎机进行粉碎。

（3）混合搅拌　将上述粉碎的物料和白糖粉充分混合搅拌均匀，再过80目筛，最后经过包装即为成品。

（四）成品质量指标

细粉末状，无结块，无蔗糖砂粒。用开水冲调后即成糊状，即冲即食，具有糯、香、甜、醇的独特自然风味，滋味香甜。

九、葛仙米羹

（一）原料配方

葛仙米0.1%，甜玉米的用量为1.5%，蔗糖为8%，复合稳定剂（0.1%黄原胶+0.1%卡拉胶）0.2%，软化水90.2%。

（二）生产工艺流程

新鲜葛仙米→清洗→护色→超声波破壁→烘干→粉碎→煮制→调配→添加稳定剂→装罐→杀菌→成品

（三）操作要点

(1) 葛仙米预处理　取清洗干净的新鲜葛仙米，进行护色处理后，于超声波处理器中进行破壁，破壁后烘干，然后粉碎过100目筛，备用。

(2) 煮制、调配、装罐、杀菌　取一定量的水加热至沸腾5min，按照配方的要求将上述粉碎过筛后的葛仙米和甜玉米加入，然后再加入已溶化的糖和稳定剂进行调配，充分混合均匀后装罐，经过杀菌冷却即为成品。

（四）成品质量标准

(1) 感官指标　产品为深绿色，其中点缀有黄色，保持了葛仙米自身的圆状结构，具有葛仙米特有的风味。

(2) 微生物指标　细菌总数≤30个/mL，大肠菌群≤3个/100mL，致病菌不得检出。

十、宫廷粟米茶羹

（一）原料配方

小米65%、栗子20%、绿豆12%、芝麻2.5%、核桃仁0.25%、秋子仁0.1%、南瓜子仁0.05%、花生米0.1%，可酌情添加白糖或红糖、青丝、玫瑰适量。

（二）生产工艺流程

选料→去皮、去杂质→淘洗→蒸料→干燥→粉碎→过筛→蒸料→晒料→粉碎→过筛→干燥→混合调配→烘干→分装→包装→成品

（三）操作要点

(1) 原料选择　各种原料均为当年新生产的，无霉变、无杂质、无虫蛀、无农药及其他有害物质污染等。

(2) 去皮、去杂质　精选当年生长收获的谷子（黄米），碾成米，陈旧谷子新碾的米也可以，但陈旧小米尽可能不用；栗子收获后晒一下，当黑棕色硬皮壳失水出现皱缩，用脱壳机或石碾脱去黑棕硬壳和内膜后备用；绿豆用脱粒机或碾子碾去外皮待用；核桃和秋子选当年秋天收获的为好，晒干用锤砸开硬壳，用尖锐工具挖出内仁（可食用部分）；南瓜子和花生碾去外面硬皮，取仁，花生去掉内仁的红皮；青丝、玫瑰市场上有售，一定要保证质量。

(3) 淘洗　小米用自来水反复冲洗，淘洗去掉杂质和砂土，晒干。

(4) 辅料处理　用文火炒芝麻至微黄；核桃仁、花生仁、南瓜子仁、秋子仁一定细心拣出碎小硬皮，然后各自分别用文火炒至彻底熟透为止。如核桃仁块大可用手直接掰成小块即可。

(5) 蒸料、干燥　将小米、绿豆、栗子各自分别放入笼屉内，锅内放水要适量，多了容易溢到料内，影响下一步加工，少了易干锅，达不到蒸料的目的。用火加热，由开锅上大汽算时间，一般蒸10～15min，取出散在日光下曝晒，直到外表干燥为止，用手挤压成面为准，如用手挤压成饼，说明太湿，要继续晒。有条件的可用烘箱或烘房干燥。

(6) 粉碎、过筛　取上述干燥好的原料，用粉碎机粉碎，过筛。

（7）蒸料、晒料、粉碎、干燥　由于原料蒸后已成七八分熟，容易回生，所以粉碎成面后再分别放入笼屉中，用文火蒸，以上大汽算起，蒸 15～20min，尽力蒸透料。然后取出散开，晒干或烘干，当原料面彻底干后，过筛；小块再粉碎过筛。

（8）混合调配、烘干　按配方比例称重，混合均匀，然后用文火再炒一下，使其稍微变微黄为止。千万避免火急，防止核桃仁等各种辅料变性。另外火大料内一些芳香物质容易挥发掉，影响产品香味。

（9）包装　炒完料后就可以分装。采用无毒的聚丙烯或聚乙烯小塑料袋分装，一般根据市场的实际情况分装为 100g、250g、500g、1000g 等不同规格，分装时一定要保证在无菌条件下进行，工作人员要有良好的卫生习惯和无菌观念。然后再进行大包装即为成品。

十一、高蛋白营养奶羹

（一）原料配方

大米 5%、奶粉 1.5%、蛋白粉 1.5%、白砂糖 6.5%、稳定增稠剂 0.1%、蜂蜜 1%、水 84.4%，乳酸锌（以锌计）50mg/kg，核黄素 0.5mg/100g。

（二）生产工艺流程

大米→清洗、去杂→软化→磨浆→调配→均质→脱气→杀菌→灌装→冷却→成品

（三）操作要点

（1）大米清洗、去杂、软化　将选择好的大米经过清洗除杂后，加入水中在夹层锅内煮沸 15～20min，至大米完全煮烂为宜。

（2）磨浆　将煮好的软化大米与水一起送入砂轮磨中进行磨浆，其细度一般能通过60～80目网筛。

（3）调配　花生蛋白粉（或大豆蛋白粉）先用80～100℃热水溶解，然后加入盛有大米糊的调配缸中；蔗糖用80～100℃热水配成50%糖液，经过滤后加入调配缸中；稳定增稠剂用50～60℃热水配成2%的溶液，在搅拌情况下使其完全吸水，待完全溶解后加入调配缸中；奶粉、乳酸锌、核黄素和蜂蜜可直接加入，也可先把奶粉用冷水溶解后再加入调配缸中，最后将各种原料搅拌均匀。

（4）均质　将上述调配好的浆液送入均质机中进行均质，压力为19.6MPa，温度为60℃左右。

（5）脱气　均质后的物料在30～40℃，90.7～93.3kPa条件下脱气3～5min。

（6）杀菌　采用高温瞬时灭菌，温度130～135℃，时间20s左右，出口温度85℃以上。

（7）灌装、冷却　杀菌后的产品可直接灌装，灌装的形式可采用玻璃瓶灌装压盖，也可采用塑料袋软包装。产品包装后经冷却即为成品。

（四）成品质量标准

（1）感官指标　乳白色，均匀一致；具有大米和奶粉的纯正香味，无其他异味；口感润滑，具有稠厚感；汁液呈均匀胶体混浊状态，无杂质，久置后无沉淀。

（2）理化指标　可溶性固形物（以折射率计）15%，蛋白质4.5%，砷（以As计）≤0.5mg/kg，铅（以Pb计）≤1.0mg/kg，铜（以Cu计）≤5.0mg/kg，食品添加剂按GB 2760—2014执行。

（3）微生物指标　细菌总数≤1000个/mL，大肠菌群≤90个/100mL，致病菌未检出。

第二节 豆类羹加工技术

一、速食绿豆羹

（一）生产工艺流程

原料选择→清理→淘洗→浸泡→蒸煮→烘干→冷却→包装→成品

（二）操作要点

（1）原料选择　选用一级绿豆，种皮为绿色或深绿色，因为硬粒不能吸水膨胀，不易煮烂，严重影响产品的质量，所以原料在加工前，要进行硬实粒检验，硬实粒的检出率不能超过1粒/kg绿豆。

（2）清理　除去杂质及磁性金属物。

① 除杂。选用平面回转筛（两层筛面），上层采用4.2mm×24mm长形筛孔，除大杂，下层采用直径2.0mm圆形筛孔，除小杂和小硬实粒。

根据绿豆粒大小，随时更换不同筛孔的筛面，保证大杂下脚中含正常完整粒不超过1%，小杂下脚中不含正常完整豆粒。

② 去石。用吸式比重去石机，用于清除相对密度大于豆的并肩石等杂质。为去石效果好，最好进行二次去石，砂石去除率要大于96%，且在清除的砂石下脚中，每千克含饱满粒不超过100粒。

③ 去除磁性金属物。用平板式磁力分选器，除去绿豆中的铁钉、螺丝等金属物。

（3）淘洗　用清洁水淘洗经上述清理的绿豆，水温要大于15℃，水温太低影响去污效果。洗掉豆粒表面微生物和灰尘，并进一步除去筛选无法分离的并肩石和并肩泥块。

（4）浸泡　将洗净的豆粒浸入45～48℃的温水中浸泡90min，保证胀豆率＞96％，豆粒水分含量为30％～36％，吸水过多，蒸煮时易开裂，使豆内物质脱落，出品率下降；吸水不足，豆粒内部不能完全糊化，影响干燥时豆粒的开花率，从而影响成品的质量。

（5）蒸煮　常压下蒸20～24min，使豆粒开裂率为60％～70％，豆粒无硬心。煮得过度，不利于干燥；煮不到位，成品复水性能差。

（6）烘干　为了降低豆粒水分，用过热空气使豆粒膨化开花，使豆粒具有均匀的多孔结构，制品复水性能好。

将豆粒放入振动流化床干燥机内干燥后送入输送带或干燥设备干燥。

流化床内干燥介质温度为120～160℃，通过调节振幅，控制豆粒在床内流速，从流化床流出的豆粒开花率＞80％，开裂率达100％，但水分还高，尚需送入输送带式干燥设备降水。输送带式干燥器干燥介质温度为60～80℃，操作时，加料要均匀，控制适当的物料厚度和运行速度，烘干后，成品含水量＜8.0％。

（7）包装　包装前冷却至室温或略高于室温，夏季可用风扇降温。包装材料用阻水、阻气、遮光度较好的聚丙烯袋、聚酯袋或铝箔复合袋。用计粒计量机包装，每袋40～60g。

（三）成品质量标准

（1）感官指标　成品呈粒状，保持绿豆固有的色、香、味和真实形状，口感良好；外观色泽诱人；不含香精、色素、防腐剂，保持了绿豆的营养成分，属于天然绿色食品。

（2）理化指标　成品复水时间≤8min，绿豆开花率≥80％，开裂率100％，破碎率≤6％，含水量≥8.0％。保质期不低于6个月。

（3）微生物指标　细菌总数≤3000个/g，大肠菌群≤50个/100g，霉菌数≤25个/g，致病菌不得检出。

二、花生奶绿豆羹

本产品是以花生和绿豆为原料，经过一系列的处理，制成具有花生和绿豆之独特风味的营养羹，为夏日解暑增添一道美味饮品。

（一）原料与配方

花生乳73%～75%、绿豆15%、脱脂奶粉2%、白砂糖8%～10%、乳化稳定剂0.4%～0.5%。

（二）生产工艺流程

绿豆→去杂→浸泡→预煮→蒸豆→冷却备用
↓
花生米→除杂→浸泡→去红衣→预煮→磨浆细化→调配→均质→灌装→封口→杀菌、冷却→成品

（三）操作要点

（1）浸泡、预煮　对于花生米，用60～70℃、1%$NaHCO_3$溶液浸泡5～6h，去除红衣，然后经100℃沸水预煮15～20min，既可去除花生的生腥味，又可通过盐溶作用提高蛋白质的溶出率，提高花生蛋白的利用率。

绿豆可采用90～95℃热水浸泡30min，经100℃沸水预煮约15min，使绿豆无明显硬心，但不开花，从水中捞出沥尽水分，放入蒸汽锅内猛蒸10～15min，使绿豆中淀粉α化程度达到90%以上，然后取出冷却。

（2）磨浆细化　先用分离磨浆机将预煮好的花生仁与水按1∶8配比，在80～90℃下磨浆，过100～120目筛。然后将浆料在60℃左右经胶体磨1～2min细化，过200～300目筛。

（3）调配　将白砂糖、奶粉、乳化稳定剂用热水溶解，加入花生乳中，搅拌均匀。

(4) 均质　将调配好的原料加热至80℃左右，在25～30MPa压力下进行均质，使原料充分乳化，均匀稳定。

(5) 灌装、封口　将蒸好冷却的绿豆称重分装入罐，再加入均质好的花生乳，封口。

(6) 杀菌、冷却　由于花生乳的pH值为7～7.5，采用121℃、15～20min杀菌，然后冷却至常温。

(四) 成品质量指标

(1) 感官指标　乳白色，绿豆为淡绿色；具有花生特有的香味和绿豆特有的清香，绿豆具有一定的咀嚼性；花生乳组织滑润、细腻、稳定，乳中绿豆呈较完整的颗粒状。

(2) 理化指标　蛋白质≥2.0%，脂肪≥1.8%，可溶性固形物≥10%，pH值7～7.5。

(3) 微生物指标　细菌总数≤100个/mL，大肠菌群≤6个/mL，致病菌不得检出。

三、小豆羊羹

小豆羊羹是一种传统名优休闲食品，其用料虽很简单，但十分考究，而且制作精细，产品绵软可口，富有营养，是一种能够补充儿童铁质的最好食品。

(一) 主要设备

不锈钢夹层蒸锅、卧式钢磨、不锈钢带搅拌熬糖锅、离心甩干机、饮料泵、通风柜、模具、漏斗、台秤等。

(二) 原料配方

红小豆26kg、琼脂1.5kg、白砂糖55kg、饴糖18kg、苯甲酸钠或其他防腐剂100g、食用碱少量。

（三）生产工艺流程

红小豆→煮豆→分离豆→熬制→注模→冷凝成型→包装→产品

（四）操作要点

（1）琼脂溶化　在制作羊羹的头一天，将束状的琼脂切成小块，加入20倍的水中浸泡10h，然后适当加热，但温度最好控制在90～95℃，过高就会破坏琼脂的凝结性。

（2）煮豆　将红小豆洗净除去杂物后，放锅内水煮片刻加碱，煮沸10min，倾去碱水，并加入清水洗净红小豆，重新加水用汽浴锅再煮约2h，至开花后，豆无硬心时，即可取出。也可用铁锅在煤火上煮至豆开口时，改用小火焖煮。

（3）制豆沙　用离心泵将煮烂的小豆和水一同送入钢磨，使红小豆经过钢磨时小豆磨碎，豆皮并不破碎，只是将豆沙挤出。水桶中用细筛使豆沙与皮分离，即钢磨出口处用细筛接住皮，豆沙随水流入水桶中，然后用泵抽入离心机中，甩至可攥成团、松手又能自动开散时即成。一般10kg红小豆挤出18kg豆沙。

土法加工可将煮烂的豆放在20目的钢丝筛中，用力擦揉，将豆沙抹压筛下，装进布袋压去水分。

（4）熬制　加少量水将糖化开，然后加入化开的琼脂，当琼脂和糖溶液的温度达到120℃时，加入豆沙及少量水溶解的苯甲酸钠，搅拌均匀（如果豆沙是大批量生产，配方中的红小豆26kg改为豆沙41kg）。当熬到温度105℃时，便可离火注模，温度切不可超过106℃，否则没注完模糖液便凝固。用汽浴锅煮，气压为300～410kPa，约45min。

土法加工可用铁锅明火煮，边搅拌边加热，煮至用铲子蘸取糖液，使糖从铲边流下，呈不断的粘连状，立即出锅。

（5）注模　出锅后，将熬好的浆液用漏斗注入衬有锡箔纸的模具中，待冷却后自然成型。充分冷却凝固后即可脱模，进行包装，模具可用镀锡薄钢板按一定规格制作。

（五）成品质量指标

（1）感官指标　规格整齐一致，包装严密，凝固良好，有弹性，耐98kPa的压力不裂纹；呈红褐色，有光泽；甜度适宜，食之利口。

（2）理化指标　干固物＞73%，水分21%～27%，还原糖3%～5%。

四、栗子羊羹

（一）原料配方

栗子500g，红小豆、白糖各2kg，冻粉80g。

（二）制作方法

（1）将栗子冲洗干净，再把每个栗子剁成十字小口，放入锅内略煮后取出，剥去外皮，再放入锅内煮熟。

（2）将红小豆洗干净，用清水浸泡后捞出放入锅内煮烂，搓去豆皮过箩，再用纱布滤去水分，制成豆沙。

（3）取锅上火，加入适量清水烧沸，加入冻粉煮化，再加入白糖，煮沸后滤去渣；再加入豆沙同煮，边煮边搅动，至豆沙黏稠时起锅，先往方盘中倒入一半豆沙，将煮好的栗子放入盘中的豆沙上，再把另一半豆沙倒在栗子上面，待凝固后，改刀成小长方块，码入盘中即成。

（三）产品特点

黑红光亮，口味香甜，具有补血健脾、散血止血之功效。

五、栗子羊羹（天津）

（一）原料配方

红小豆100kg，栗子7kg，蔗糖、海藻胶各适量。

（二）制作方法

（1）红小豆经过精选，除去砂粒等杂质，洗干净。栗子剥去外壳、内皮，然后捣碎，研磨成栗泥。

（2）将洗干净后的红小豆放入凉水锅中，旺火煮一段时间，使红小豆“开花”，把豆皮捞出，使之成为豆沙。这时，改为文火，然后反复搅拌，并放入相当于红小豆总量7%的栗泥，待形成黏粥状后，立即投入适量海藻胶和蔗糖，仍不断搅拌，使之成为胶状液体。

（3）用勺趁热将熬制好的胶状液体，逐一灌在衬有锡纸或拟纸膜的铝质方容器中，进行自然冷却，然后抽出，栗子羊羹即制成。

（三）产品特点

色泽为茶褐色，口感细腻，略带甜味，营养丰富，老少皆宜。

六、红果羊羹

红果羊羹味道酸甜可口，呈红褐色，有光泽，营养丰富，是受群众欢迎的小食品。

（一）原料配方

红小豆12.5kg、红果酱15kg、白砂糖5kg、琼脂1.25kg、苯甲酸钠0.06kg、食用碱适量。

（二）生产工艺流程

红小豆→煮豆→分离豆沙
↓
红果→洗净→软化→制酱→熬制→注模→凝结→包装→成品
↑
琼脂→浸泡→溶解

（三）操作要点

（1）煮豆　将红小豆洗净、除去杂物后，放锅内水煮片刻加少量食用碱，煮沸 10min，倾去碱水，加入清水洗净红小豆，重新加水用汽浴锅再煮约 2h，至开花后，豆无硬心时即可取出，也可用铁锅在煤火上煮至开口时，改用小火焖煮。

（2）制豆沙　用离心泵将煮烂的红小豆和水一同送入钢磨，使红小豆经过钢磨时被磨碎，豆皮并不破碎，只是将豆沙挤出，钢磨水桶中的细筛使豆沙与皮分离，豆沙随水流入水桶中，然后用泵抽入离心机中，甩至可攥成团、松手又能自动开散时即可。一般 1kg 小豆挤出 1.8kg 豆沙。

（3）制作果酱　红果经挑选去除杂质后，用清水洗净，倒入锅内煮 30min 左右，加水量以浸没山楂为准，煮至山楂出现裂痕时即可出锅。将软化好的山楂倒入打浆机内打浆，滤去皮核即成红果酱。

（4）琼脂溶解　在制作羊羹的头一天，将条状的琼脂切成小块，清洗干净后加入 20 倍的水，在水中浸泡 10h，然后适当加热，但温度最好控制在 90～95℃，过高会破坏琼脂的凝结性。

（5）熬制　在熬糖时，将琼脂、水及白砂糖、豆沙加入混合，熬到 105℃，再加入红果酱，搅拌均匀后即可注模凝固。

（6）脱模包装　装模自然成型，充分冷却后即可脱模，进行包装。

（四）注意事项

（1）红果酱不要过早加入，因琼脂溶液容易受酸作用破坏其凝胶性，白砂糖在酸的作用下易转化成大量还原糖，使产品易吸潮、软化。

（2）倒入模子前，在模子中刷一点油，以方便脱模。

七、营养滋补羊羹

（一）原料配方

红小豆 26kg、白砂糖 36kg、琼脂 2kg、阿胶 1kg、桂圆肉 1kg、核桃仁 1kg、山楂 6kg、大枣 6kg、芝麻酱 1kg。

（二）生产工艺流程

1. 豆沙制备

红小豆→煮烂→磨细→干燥→粉状

2. 羊羹制备

阿胶→浸泡→蒸发膏状
大枣→蒸熟→去核去皮→制酱
山楂→去核蒸熟→酱状
桂圆内、核桃仁→蒸熟→酱状
琼脂→浸泡→加热溶化
（以上汇合）→加豆沙、白糖、芝麻酱混合→加热搅拌→浇模→水分蒸发→冷却→去模→包装→成品

（三）操作要点

（1）制豆沙　将红小豆加 5 倍的水浸泡煮烂，然后用胶体磨磨细，在 60℃下干燥成粉团状备用。

（2）阿胶预处理　阿胶加 4 倍的黄酒浸泡过夜，蒸至膏状备用。

（3）琼脂溶化　将琼脂加 15 倍的水浸泡过夜，加热溶化，过滤除去杂质。

（4）其他原料处理　大枣蒸熟后去核去皮，加适量水制成酱状；山楂去核后蒸熟加适量水制成酱状；桂圆肉、核桃仁蒸熟后加

适量水制成酱状。

(5) 混合、加热搅拌　将上述处理好的各种原辅料按照配方要求的比例，充分混合均匀，然后进行加热。加热搅拌是制作过程中最重要的一步，其目的是去除制品中多余的水分，同时使各组分充分混合均匀。加热中重点掌握温度和搅拌速度，以防焦煳。

(6) 浇模、冷却、去模、包装　浇模温度保持在 70～80℃，直接浇入耐热塑料小盘，待温度降至 30℃后，经去模、密封加盖即为成品。

（四）成品质量标准

(1) 感官指标　红褐色，均匀一致；香甜可口，香味浓郁，口味纯正，无异味；组织细腻，凝结紧密。

(2) 微生物指标　细菌总数≤100 个/100mL，大肠杆菌≤3 个/100mL，致病菌不得检出。

八、核桃羊羹

（一）原料配方

豆沙 50g、核桃仁 50g、琼脂 3g、白砂糖 80g。

（二）生产工艺流程

红小豆→煮豆→分离豆沙┐

核桃仁→焙烤→去种皮→磨浆→熬煮→注模→冷却成型→成品

琼脂→浸泡→溶化┘

（红小豆→煮豆→分离豆沙、琼脂→浸泡→溶化 均进入熬煮）

（三）操作要点

(1) 琼脂溶化　琼脂切成小块于 20 倍水中浸泡 10h，然后于 90～95℃加热溶解，备用。

(2) 煮豆　红小豆加水浸泡 12h，然后煮 2h，至开花无硬心时即可。

(3) 制豆沙 将煮烂的豆放在20目不锈钢筛网中用力擦揉，将豆沙抹压于筛下，装进纱布袋压去水分，至豆沙可攥成团、松手后又能自动开散时即成。

(4) 核桃仁去种皮 用两种方法去皮：一种是将核桃仁于7%的NaOH溶液中煮5min，捞出沥干，在1%的HCl溶液中中和5min，再用清水漂洗后在0.5%亚硫酸氢钠溶液中护色，20min后用清水冲洗，在沸水中煮烫30min后焙烤；另一种是核桃仁直接焙烤去皮，焙烤温度为120℃，时间为60min。

(5) 磨浆 将核桃仁置于小磨中加仁重50%的水，磨浆成米粒大小。

(6) 熬制 按糖∶水=10∶7混合，将糖水加热溶解，然后加入化开的琼脂，当琼脂和糖溶液的温度达到120℃时，加入豆沙熬至可溶性固形物含量为60%时加入核桃浆，搅拌均匀，待可溶性固形物含量55%时，便可离火注模。

(7) 注模、冷却 将熬好的浆液注入衬有锡箔纸的模具中，待冷却后自然成型，充分冷却凝固后即可脱模，进行包装即为成品。

九、红枣羊羹

(一) 原料配方

枣泥35kg、豆沙45kg、白砂糖10kg、琼脂液2.5kg、苯甲酸钠适量。

(二) 生产工艺流程

红枣→处理→软化打浆→浓缩→枣泥
↓
红小豆→浸泡→煮豆→冷却→打浆→甩沙→豆沙→配料→浓缩→注模→包装密封→成品

（三）操作要点

（1）枣泥的制备

① 原料处理。分选红枣，去除杂质、霉烂果，洗去枣果表面的污物、泥土。然后用45～50℃的温水浸泡1h，使其充分吸水膨胀。

② 软化打浆。每100kg枣加水30～35kg，放入夹层锅中闷煮1h，中间搅动2次，使其充分软化。然后用0.2mm孔径打浆机打浆1次，除去枣核和皮渣，再送胶体磨研磨。

③ 浓缩。将上述浆液放入真空浓缩锅内，在真空度80～93kPa、温度40～50℃下浓缩提炼成膏状，即得枣泥。

（2）豆沙的制备　选用优质红小豆，洗净后用清水浸泡4h，使豆粒吸水膨胀，然后将豆粒置于高压锅或其他高压容器中，按干豆：水＝1：2的比例加水，并加入0.3%～0.5%的小苏打，在117.6kPa的压力下处理1～1.5h，取出迅速冷却，然后用打浆机打浆。对所制出的浆用清水漂洗去皮，置于离心机中甩沙，甩至可捏成团、松手又能自动散开时为止。

（3）琼脂液制备　按琼脂1份加水20份的比例，将琼脂在水中浸泡10h，然后加热使琼脂溶解，再过滤去除杂质。

（4）白糖液制备　按比例称取白糖，加水配成浓度75%的糖液，加热煮沸，过滤去杂质。

（5）配料浓缩　按配方分别称取枣泥、豆沙、75%的糖液，置于夹层锅中，在147kPa的压力下加热浓缩，要不断搅拌，至可溶性固形物达65%时，加入琼脂液，同时加入用少量水溶解的苯甲酸钠，搅拌均匀，继续浓缩至可溶性固形物达70%时出锅。也可用经验法——“挂片法”进行判断，即用竹片挑取少许浆液使之下滴，呈不断的粘连状时即可。

（6）注模　将浓缩好的浆液迅速注入衬有锡箔纸的模具中，模具规格可根据需要而定，一般为1.5cm×2.5cm×8.0cm，待其充分冷却凝固后脱模。模具、锡箔纸、包装盒等均要事先在121℃下灭菌15min，其他灌装工具、用具、容器等，均需事先消毒灭菌后才能使用。

（7）包装、密封　将脱模后的红枣羊羹尽快装入纸盒内，每10块为1盒，封口，最后用玻璃纸密封好纸盒即为成品。

（四）成品质量标准

（1）感官指标　羹体为红色，色泽一致，表面有光泽；组织细腻滑润，软硬适度，有弹性和韧性，无糖结晶，无气泡和杂质；具有枣和豆沙的复合香气，风味独特，酸甜适口，无异味。

（2）理化指标　可溶性固形物≥70%，总酸0.6%～0.8%，锡（以Sn计）≤200mg/kg，铅（以Pb计）≤2.0mg/kg，铜（以Cu计）≤10mg/kg。

（3）微生物指标　无致病菌及因微生物作用引起的腐败象征，符合国家食品卫生标准。

十、金橘羊羹

（一）原料配方

琼脂羊羹：豆沙100g、橘皮3.0g、白砂糖80g、饴糖40g、琼脂2.0g、柠檬酸0.5g。

卡拉胶羊羹：豆沙100g、橘皮3.0g、白砂糖80g、饴糖40g、卡拉胶2.3g、柠檬酸0.5g。

（二）生产工艺流程

溶化的琼脂、糖和柑橘皮　柠檬酸
↓　↓
红小豆→洗净→煮制→去皮→豆沙→熬糖→调和→冷却→浇模→凝结、冷却→包装→成品

（三）操作要点

（1）豆沙制备　将红小豆洗净后于锅内煮烂，倒入20目铜丝筛中，用力擦搓、滤沙去皮，制成酱状，再装进布袋中压去水分后，即为豆沙，备用。

（2）橘皮细化　橘皮干置温水浸泡15～20min后，滤去水分，于电动绞肉机绞成细末即可。

（3）熬糖　熬制的目的是把糖液内大部分水分重新蒸发除去，而各组分达到充分混匀。由于羊羹一般水分含量较糖果高，故熬糖温度也较低，大约在104～105℃，出锅水分控制在22%～24%。由于豆沙是高淀粉物质，熬制过程要控制好温度和搅拌速度，以防止豆沙糊化并保证豆沙分布均匀。熬糖终点要判断准确，因为出锅水分过高，产品凝结不佳，存放过程易脱水。出锅水分过低，产品咀嚼性差，粗砂感重，影响产品的感官指标，所以最好用折光仪来检测终点。

（4）调和　按照配方规定量，将红豆沙、溶解的白砂糖、饴糖等各种原辅料充分混合均匀，具体调配的比例因加入的增稠剂种类不同而异。羊羹制作过程中为呈现各配料的综合风味特征，无需添加香精，只添加少量有机酸，其目的，一是调整适当的甜酸度、缓冲甜味，以免过甜腻人；二是作为防腐剂之用，以提高产品的防腐能力。如果制作水果风味的羊羹，可以适当地添加少量香精，调整风味，此时柠檬酸又可以起到增味的效果。

（5）浇模　根据最终产品的包装尺寸和重量，选定一定尺寸的模具。羊羹浇模不宜选用模盘，否则在切块过程中过多的切面不仅影响其外观，且也影响着成品的渗水速度。选用模具当然费工费时，也增加用具成本。有条件的情况下，可采用注模设备，既省工又迅速，浇模温度可控制在70～80℃左右，脱模温度控制在30℃左右。

（6）包装　由于羊羹水分含量偏高，达到22%～24%，不利于保存。为了保证该产品有一定的货架寿命，最终产品适宜于真空包装，铝箔材料最好，保质期可达到半年。

十一、山楂羹

（一）生产工艺流程

山楂→清洗→软化→打浆→山楂泥
↓
红小豆→浸泡→蒸煮→打浆→甩沙→豆沙→配料→浓缩→注模→冷却→密封→包装→成品

（二）操作要点

（1）山楂泥制备　将山楂用清水漂洗干净，按山楂果实：水＝1：0.5的比例（质量比），称取果实和水置于夹层锅中加热至沸，并保持微沸20～30min，然后，利用筛板孔径为0.8mm的打浆机打浆1～2次，除去果核、柄、皮等杂质，即得山楂泥。

（2）豆沙制备　选用优质红小豆，洗净后用清水浸泡4h左右，使豆粒吸水膨胀，然后将豆置于高压容器中，按干豆：水＝1：2的比例加水，并加入0.3%～0.5%的小苏打，在蒸汽压力117.6kPa下处理1.5h，取出迅速冷却，再用打浆机制浆。对制出的浆用清水漂洗去皮，然后用离心机中甩到可攥成团、松手又能自动散开时即成。

（3）琼脂溶化　按琼脂：水＝1：20的比例，将琼脂在水中浸泡10h，然后加热使琼脂溶解，再过滤去除杂质即可。

（4）糖液制备　称取白砂糖和水置于锅中，加热至沸使糖溶化，配成75%的糖液，并过滤除去杂质备用。

（5）配料、浓缩　各种原辅料的配比为：山楂泥50kg、豆沙50kg、白砂糖100kg、琼脂2kg、苯甲酸钠150g。按配方分别称取山楂泥、豆沙、75%糖液、琼脂置于夹层锅中，在196kPa的压力下加热浓缩，期间要不停地搅拌，加热浓缩至可溶性固形物达68%时，加入少量水溶解的苯甲酸钠，搅拌均匀，继续浓缩到可溶性固形物达70%或浆温达105～106℃出锅。

(6) 注模　将浓缩好的浆液尽快注进衬有锡箔底的模具中，模具规格可根据需要而定，一般为 1.5cm×2.5cm×8.0cm。待充分冷却凝固后脱模。模具、铝箔纸、包装盒均要预先在 121℃灭菌 15min，其他灌装工具、用具、容器等也均需消毒灭菌后方可使用。

(7) 包装、密封　将脱模后的山楂羹尽快装入纸盘内，用无粮糨糊封口，最后用玻璃纸密封住纸盒即为成品。

(三) 成品质量标准

(1) 感官指标　羹体红色且一致，表面有光泽；组织细腻润滑，软硬适中，有弹性和韧性，无糖结晶，无气泡和杂质；具有山楂和豆沙之风味、气味，酸甜适口，无异味。

(2) 理化指标　可溶性固形物（以折射率计）70%以上，总酸 0.6%～0.8%，锡（以 Sn 计）≤200mg/kg，铅（以 Pb 计）≤2.0mg/kg，铜（以 Cu 计）≤10mg/kg。

(3) 微生物指标　细菌总数≤750 个/mL，大肠菌群和致病菌不得检出。

十二、紫苏罗汉果羊羹

(一) 原料配方

豆沙 20g、白砂糖 28g、紫苏叶浸提液 10mL、罗汉果浸提液 5mL、琼脂 1.2g。

(二) 生产工艺流程

琼脂→浸泡→溶解
红小豆→煮豆→分离豆沙
净紫苏叶→粉碎→浸泡→收集浸提液
净罗汉果→粉碎→浸泡→收集浸提液
（以上四项汇合）→熬煮→注模→冷却成型→脱模→切割→包装

（三）操作要点

（1）琼脂溶化　琼脂切成小块于20倍水中浸泡10h，然后90～95℃加热至溶解备用。

（2）制豆沙　将红小豆利用清水洗净后浸泡24h，然后加热煮2h，至开花无硬心。将煮烂的豆放在20目不锈钢筛网中用力擦揉，将豆沙抹压于筛下，装进纱布袋压去水分，至豆沙可攥成团、松手后又能自动开散时即可。

（3）紫苏叶浸提液制备　取10g紫苏叶，用清水洗净，粉碎，加入750mL水浸提10h，过滤取浸提液，备用。

（4）罗汉果浸提液制备　取21g罗汉果，用清水洗净，粉碎，加入400mL水浸提10h，过滤取浸提液，备用。

（5）熬煮　按白砂糖：水＝10：7，将糖水加热溶解，然后按照配方的比例加入化开的琼脂，当琼脂和糖溶液的温度达到120℃时，加入豆沙，熬至可溶性固形物含量为60%时加入已制备好的紫苏叶浸提液和罗汉果浸提液，搅拌均匀，待可溶性固形物含量为55%时，便可离火注模。

（6）注模、冷却成型、切割、包装　将熬煮好的浆液注入衬有锡箔纸的模具中，待冷却后自然成型。充分冷却凝固后即可脱模、切割进行包装，模具可用镀锡薄钢板按一定规格制作。

（四）成品质量标准

（1）感官指标　羹体呈深紫色、半透明，富有光泽；羹体饱满、无硬皮，组织柔韧、富有弹性；细腻平滑；甜味绵长，口感细腻，软糯，不粘牙，有嚼劲，具有紫苏和罗汉果混有的清香和甘甜味。

（2）理化指标　干物质质量分数高于73%，含水量21%～27%，耐98kPa压力不裂纹。

（3）微生物指标　细菌总数≤1000个/g，大肠菌群≤30个/100g，致病菌未检出。

十三、营养强化板栗羹

（一）原料配方

配方一：板栗粉 1000g、豆沙粉 1000g、琼脂 250g、白砂糖 400g、胡萝卜汁 1200mL、苯甲酸钠 0.5g。

配方二：板栗粉 1000g、豆沙粉 1000g、琼脂 250g、白砂糖 400g、水 1200mL、乳酸钙 3g、葡萄糖酸锌 20mg。

（二）生产工艺流程

板栗→处理→蒸煮→脱壳→磨粉→干燥→板栗粉
红小豆→清洗→煮豆→制沙→豆沙
胡萝卜→热烫→打浆→胡萝卜汁
琼脂→浸泡→热熔→加糖→过滤
（以上四路汇合）→熬羹→灌装→包装→杀菌→检验

（三）操作要点

（1）板栗粉制备　选用新鲜良好、无虫蛀、无裂口、无霉烂、无破损的板栗，利用清水洗去表面的尘土，在足量水中蒸煮 40min，用脱壳机或不锈钢刀去除板栗壳，板栗仁用不锈钢磨磨粉，烘干，过 10 目筛子，得含水量 9.42%的板栗粉。

（2）豆沙制备　将红小豆利用清水洗净后浸泡 24h，然后加热煮至用手指轻轻一捏即碎时磨成糊状，使其过 100 目筛子，将豆沙与豆皮分开，收集豆沙水，沉淀成豆沙，经洗沙、脱水（用离心机或压榨方法）后干燥成豆沙粉。当日用料亦可不经干燥制成含水量为 40%的湿豆沙。

（3）胡萝卜汁制备　将胡萝卜利用清水清洗干净，经修整、热烫，放入打浆机中进行打浆，压榨分离去渣，得胡萝卜汁。

（4）琼脂热溶　琼脂用水清洗，按 1∶20 加水浸泡 8～12h，加热升温至琼脂溶解，继续升温至 90℃，按比例加入砂糖，至糖化好趁热过滤。

（5）熬羹　过滤后的琼脂糖液泵入夹层锅，加热至沸腾，顺序按配方比例加入豆沙粉（或湿豆沙）、板栗粉、营养强化剂、水、苯甲酸钠，边加热边搅拌，约 30min 液面出现晶亮黏稠状，用刀挑起呈不间断丝状，当温度达到 100～105℃时，停止加热，即得板栗羹。

（6）灌装、杀菌　趁热将板栗羹灌装至模盒内，用铝箔纸热封口，然后进行杀菌。产品在 80℃热水中杀菌 20min 后，去除不合格品，检验合格者进行封口，自然冷却后装箱即得成品。

（四）成品质量标准

（1）感官指标　产品表面呈晶亮光泽，强化维生素 A 产品呈黄褐色，强化钙、锌产品呈红棕色；具有适度弹性，无空心，无气泡；甜度适宜，口感细腻，具有板栗、豆沙和胡萝卜之浓郁香味。

（2）理化指标　水分含量 49.6%，总糖含量 25%，铅（以 Pb 计）≤0.5mg/kg，砷（以 As 计）≤0.5mg/kg。

（3）微生物指标　细菌总数≤750 个/g，大肠菌群≤30 个/100g，致病菌不得检出。

第三节　其他羹类加工技术

一、黑木耳蓝莓果果羹

（一）生产工艺流程

黑木耳→挑选→浸泡清洗→干燥→粉碎
红小豆→煮豆→分离豆沙
琼脂→浸泡→溶解
蓝莓果→榨汁→离心过滤→蓝莓果原汁
（以上四路汇合）→熬煮→注模→成型→脱膜→切割→包装

（二）操作要点

（1）黑木耳粉制备　原料经挑选，剔除黑木耳杂质，按 1∶10 的比例加水，在室温条件下浸泡 8h。洗净干燥后，经超微粉碎得黑木耳粉。

（2）豆沙制备　红小豆洗净后水煮片刻后加碱，倾去碱液（除去黏液）后用清水洗净，加水用汽浴锅煮 2h 至开花无硬心。于 20 目不锈钢筛网中用力擦揉，将豆沙抹压于筛下，装进纱布袋压去水分，至豆沙可手握成团、离手即散的程度。

（3）蓝莓果汁制备　取适量蓝莓果，经挑选、漂洗后榨汁，再经过滤、浓缩、灭菌制成蓝莓果原汁。

（4）琼脂溶化　琼脂放入 20 倍水中浸泡 10h，然后 90～95℃加热至溶解。

（5）熬制　按白砂糖∶水＝10∶7 的比例将糖水加热溶解，然后加入化开的琼脂，当琼脂和糖溶液的温度达到 120℃时，加入豆沙，熬至可溶性固形物含量为 60％时加入已制备好的蓝莓果原汁和黑木耳粉，搅拌均匀，待可溶性固形物含量为 55％时，便可离火注模。各种原辅料的用量为：黑木耳粉 2.0kg、蓝莓果原汁 10L、琼脂 1.8kg、糖 28kg。

（6）注模、成型、切割、包装　将熬煮好的浆液注入衬有锡箔纸的模具中，待冷却后自然成型。充分冷却凝固后即可脱模、切割进行包装，模具可用镀锡薄钢板按一定规格制作。

（三）成品质量标准

（1）感官指标　深紫色，表面均匀晶莹光亮；具有该产品应有的香味、气味，无焦煳味，无异味；形态完整，表面光滑，组织紧密，有弹性，无蔗糖结晶块（封口表面除外）。

（2）理化指标　可溶性固形物≥55.0％，还原糖（以葡萄糖计）≤10.0％，总砷≤0.5mg/kg。

（3）微生物指标　细菌总数≤1000 个/g，大肠菌群≤30 个/

100g，致病菌不得检出。

二、黑木耳甜羹

本产品是以东北产的黑木耳、白糖、打糕片为主要原料，配以苹果梨、银耳、橘子等辅料生产的一种甜味羹。

（一）生产工艺流程

黑木耳→称重→浸泡→清洗→切碎→配料→蒸煮→冷却、分装→杀菌→检验→成品

（二）操作要点

（1）选料　选择朵小、片薄、无虫蛀的次等黑木耳。

（2）称重、浸泡　称取一定量的干木耳，将其在温水中泡发2～3h，然后去柄，冲洗干净。

（3）果品洗净、切碎　将苹果梨利用清水清洗干净，用刀切成长 0.3cm、宽 0.3cm 的正方体。将打糕片切成长 0.3cm 的圆柱体。

（4）配料、蒸煮　将切好的黑木耳、苹果梨丁和白糖放入锅中煮沸 1～1.5h，然后放入切好的打糕片、橘子瓣、银耳继续煮 0.5h，使其成羹状物。黑木耳干重 10g、白糖 50g、打糕片 250g、水 1500mL，苹果梨丁、橘子瓣、银耳适量。

（5）冷却、分装、杀菌　将羹状物趁热分装于干净的玻璃瓶中，经密封后进行杀菌，杀菌条件为温度 121℃、压力 135.24kPa、时间 30min，杀菌后经冷却，检验合格者即为成品。

三、即食银耳羹

（一）生产工艺流程

冰糖或白糖→加热溶解→趁热过滤┐
银耳→预处理→熬煮→调pH ├→配料灌装→杀菌→冷却→检验→成品
莲子、百合等→预熟化┘

（二）操作要点

（1）预处理　用银耳原料量15～20倍的水浸泡0.5～1h，除去黑色、焦黄色等残次银耳片及银耳根部，拣选出毛发、植物枝叶等异物，用不锈钢网沥干表面水分。

（2）熬煮　将沥干的银耳放入反应罐中，加入银耳干重10倍的纯水进行熬煮，其最佳条件为温度50℃、时间25min、pH值5.5、果胶酶添加量0.7%。

（3）调节pH值　升温至100℃，维持5min，再加入柠檬酸，充分搅拌，使银耳羹的pH值为4.0～4.6。

（4）糖预处理　称取总重量12%的蔗糖（白砂糖或单晶冰糖），加热、搅拌至糖溶解完全，趁热用绒布过滤。

（5）莲子、百合预熟化　将莲子用热水涨发，分瓣去莲心；百合薄片用热水浸发；将莲子和百合置蒸锅蒸30min。

（6）配料、灌装、覆膜封口　利用膏体定量灌装机将银耳羹装入塑料杯并同时加入已预熟化的莲子、百合等配料，用封口机进行覆膜封口。

（7）杀菌、冷却、检验　将封口完好的塑料杯银耳羹置微波灭菌机中杀菌，杀菌时间3min，杀菌结束后经冷却、检验合格者即为成品。

（三）成品质量标准

（1）感官指标　内容物汤汁浓稠，银耳块状软糯，清甜适口，具有浓银耳汤固有的色泽和风味，无异味、无杂质。

（2）理化指标　可溶性固形物10%，固形物38%，pH值4.0～4.6，其他理化指标均应符合GB 7098—2015食用菌罐头卫生标准的规定。

（3）微生物指标　应符合罐头食品商业无菌的规定。

四、银耳黑木耳复合保健羹

（一）生产工艺流程

柠檬酸、柠檬酸钠、冰糖、稳定剂、香料

↓

银耳、黑木耳→浸泡→熬煮→打浆→混合→均质→脱气→灌装→封盖→灭菌→冷却→成品

（二）操作要点

（1）银耳、黑木耳浸泡、熬煮　银耳、黑木耳干品分别加水浸泡1～2h，去除杂质，洗净，然后加水小火熬煮0.5h，捞出送入打浆机进行打浆，备用。

（2）混合　在调配缸中依次加入水、冰糖、柠檬酸、柠檬酸钠、稳定剂、蜂蜜，加热溶解，定容，待糖液冷却至60℃以下，加入乙基麦芽酚、香兰素，搅拌均匀，再将银耳浆、黑木耳浆以及上述糖液混合均匀。各种原辅料的配比：银耳12%、黑木耳5%、冰糖8%、柠檬酸0.05%、柠檬酸钠0.05%、海藻酸钠0.15%、黄原胶0.15%，适量的蜂蜜、乙基麦芽酚和香兰素，其余为饮用水。

（3）均质、脱气　将上述混合均匀的羹料利用均质机高速均质3min，然后进行脱气。

（4）灌装、封盖、灭菌　将经过脱气的羹料利用灌装机将其分装于玻璃瓶中，封盖，置高压蒸汽灭菌锅中121℃灭菌20min，然后静置冷却即为成品。

（三）成品质量标准

（1）感官指标　均匀一致，呈淡淡的乳白色；细腻，顺滑，甜而不腻；协调柔和，有清爽的银耳和木耳的香味；颗粒分散均匀，不分层。

（2）理化指标　砷（以 As 计）≤0.5mg/kg，铅（以 Pb 计）≤1.0mg/kg，铜（以 Cu 计）≤10mg/kg，酸味剂、稳定剂、香料符合 GB 2760—2014 规定，无防腐剂。

（3）微生物指标　细菌总数≤100 个/mL，大肠杆菌≤3 个/100mL，致病菌未检出。

五、即食蕨根粉羹

（一）生产工艺流程

蕨根→拣选→清洗→粉碎→沉淀→过滤→沉淀物→提纯→烘干→蕨根粉→挤压膨化→冷却→切断→干燥→配料（加糖和经处理的芝麻、黄豆）→粉碎→拌匀→包装→成品

（二）操作要点

（1）原料处理　选择刚挖出的蕨根，要求粗壮、无虫蛀、无腐烂，摘掉枯秆、须毛，去杂，用清水反复清洗，洗净后晾干。

（2）粉碎　洗净晾干的蕨根用粉碎机粉碎，倒入木桶内冲洗，过滤其渣滓，反复粉碎冲洗，过滤，至无黏液或白色粉末为止。

（3）沉淀、过滤　把所有的滤液再反复搅拌过滤，沉淀多次直到沉淀物呈白色为宜。

（4）干燥　将沉淀物进行烘干即为蕨根粉。

（5）挤压膨化　将蕨根粉通过挤压膨化机挤压膨化。膨化条件：膨化前原料的含水量为 14%～22%，螺杆转速 400r/min，喂料速度 550g/min，筒体温度为 160～180℃。

（6）冷却　经挤压膨化机挤压的物料温度较高，需要将其冷却到 30～40℃，水分降到 17%～19%为宜。

（7）切断、干燥　将冷却后的物料进行切断。由于物料水分含量较高，因此需经干燥处理。

（8）配料　按配方将事先烤制好的黄豆、芝麻（黄豆、芝麻挑

选洗净后，放入瓷盘中，在120℃烘箱烘熟。黄豆烘烤时间为40～60min，芝麻烘烤时间为20～30min）和砂糖加入膨化好的蕨根粉物料中。各种原辅料的配比：膨化料65%、黄豆15%、芝麻5%、砂糖15%。

（9）磨粉、拌匀、包装　将混合的物料磨粉，磨成80～90目粉，用拌粉机把物料混合均匀。用手工装袋，封口包装即为成品。

（三）成品质量标准

（1）感官指标　淡黄色；香甜爽口，口感滑腻；松散细腻粉状；用60～80℃水可冲调成均匀糊状物，无明显结块。

（2）理化指标　水分≤5%，蛋白质≥5%，脂肪≥3%，砷（以As计）≤0.5mg/kg，铜（以Cu计）≤10mg/kg，细度80目。

（3）微生物指标　细菌总数≤1000个/100g，大肠杆菌≤30个/100g，致病菌不得检出。

六、蕨麻羹

蕨麻亦称人参果，系鹅绒委陵菜之膨大呈纺锤或球形的块根，本产品是以蕨麻、豆沙和砂糖为主要原料生产的一种羹类产品。

（一）原料配方

蕨麻粉1000g、豆沙粉1000g、蔗糖700g、琼脂250g、苯甲酸钠0.5g、水适量。

（二）生产工艺流程

赤豆→清洗→浸泡→煮豆→制沙→豆沙↓

蕨麻→清洗→浸泡→脱皮→蒸煮→干燥→磨粉→过筛→蕨麻粉→熬羹→灌装→封口→杀菌→检验→产品

（三）操作要点

（1）蕨麻粉制备　选用新鲜良好、块根较大者为原料，除去杂质，利用清水清洗，然后在水中浸泡5～8h，于4%的$(NH_4)_2HPO_4$溶液中煮沸5min，手工或机械搓动脱皮，再经水洗放入0.3%的柠檬酸溶液中浸1～2h，流水洗涤后经蒸煮、烘干、磨碎，过80目筛得蕨麻粉。

（2）豆沙制备　赤豆用清水清洗后，在水中浸泡5h，取出放入水，加热煮至开口，经磨碎后过80目筛，再脱水干燥得赤豆沙。

（3）琼脂热溶　食用级琼脂经水洗后按1∶20的料液比加入清水，浸泡12h，加热溶化，再加入蔗糖，溶解后趁热过滤。

（4）熬羹、灌装、封口　取琼脂液于夹层锅中，加热至沸，按照配方的比例加入蕨麻粉、豆沙粉、水、苯甲酸钠，边加热边搅拌约30min，至呈黏稠状，趁热灌羹于模盒内，热封口。

（5）杀菌　将封口的产品置于沸水中杀菌15min，杀菌后经冷却，检验合格者即为成品。

（四）成品质量标准

（1）感官指标　红棕色，表面呈晶亮光泽；具适度弹性，无空心、气泡；甜度适宜，细腻，具蕨麻、豆沙之特有风味。

（2）理化指标　总糖35%～40%，水分50%～55%，砷（以As计）≤0.5mg/kg，铅（以Pb计）≤0.5mg/kg。

（3）微生物指标　细菌总数≤750个/g，大肠菌群≤30个/100g，致病菌不得检出。

七、明目羊肝羹

（一）生产工艺流程

羊肝预处理→煮制→绞碎→羊肝泥
↓
营养材料混合→煮制→过滤→滤液→混合→过胶体磨→高压灭菌→接种→发酵→风味调配→成品

（二）操作要点

（1）原辅料预处理　去除羊肝表面及内部的血筋，剥去最外面的薄膜，用清水反复清洗5次以上；胡萝卜清洗、切丁。

（2）煮制　将羊肝、萝卜、茉莉花茶按照20∶4∶1的比例煮制，大火煮制5min，小火煮制15min，期间不断撇去浮沫，并在羊肝和胡萝卜上用筷子扎孔，以便羊肝中血水尽快溶出、胡萝卜尽快吸收羊肝膻味。

（3）绞碎　将煮好的羊肝取出沥水，冷却后切成小块，放入绞肉机中绞成泥状。

（4）营养液的配制　将菊花、胡萝卜、决明子、红枣、桂圆、枸杞和水按0.75∶6.25∶0.75∶2∶0.75∶2∶100的比例同煮，大火煮5min，小火煮15min，煮后用4层纱布过滤，留滤液备用。

（5）混合、过胶体磨　将绞碎的羊肝与配制好的营养液按1∶5比例混合后，过胶体磨。

（6）高压灭菌　将过胶体磨的羊肝液装瓶，115℃条件下高压灭菌15min。

（7）接种、发酵　按照一定比例接种已经活化的菌种（木糖葡萄球菌、肉葡萄球菌和乳清乳杆菌混合），具体接种量为3.75×10^{6}个/mL。将接种好的羊肝液放入恒温振荡器（200r/min）中进行发酵，具体发酵条件为：温度37℃，时间48h。

（8）风味调配　加入30%的豆沙、0.5%琼脂和0.1%黄原胶，边加热边搅拌，依个人口味，可以加入果肉（荔枝、桃子等）和香精。风味调配好后，经包装即得风味佳、膻味小的明目羊肝羹成品。

八、银杏低糖羊羹

（一）原料配方

赤豆27kg、白砂糖34.4kg、白糊精8.6kg、奶粉2.5kg、可

可粉 0.5kg、银杏果泥 5.0kg。出成品约 100kg。

（二）生产工艺流程

赤豆 → 浸洗 → 煮制 → 洗沙 → 离心甩干 → 豆沙
琼脂 → 浸洗 → 溶化 → 过滤 → 加白砂糖、糊精 → 琼脂混合糖液 → 熬煮 →
银杏 → 去壳 → 去内衣 → 预煮 → 研磨 → 果泥
注羹 → 冷却 → 封口 → 杀菌 → 冷却 → 成品

（三）操作要点

（1）豆沙制备　将赤豆投入夹层锅中，加水搅拌，放水量以浸没赤豆为度。然后加热，温度 65～70℃，同时捞除漂浮物，再用热水洗去部分破皮和黏附小杂质。洗净后加入足量水加热煮成糊状，停止加热，用砂轮磨研磨。分离除去豆皮，将豆沙转入洗沙池中，反复洗 4～5 次，洗去黏稠物。待豆沙沉淀彻底后，放掉上清液。把豆沙装入尼龙纱袋中，经甩干机脱水，即得纯净豆沙。

（2）琼脂混合糖液制备　用饮用水将琼脂洗净，浸泡 24h 以后除去水分，放入夹层锅内，加入适量水加热至琼脂完全化解。继续加热至 90℃，放入砂糖、糊精溶解均匀后过滤备用。

（3）银杏果泥制备　银杏经去壳、去内衣后，进行预煮，然后用砂轮磨磨成果泥。

（4）熬羹　将豆沙、琼脂混合糖液、银杏果泥转入带搅拌器夹层锅中，再加入奶粉和可可粉，开动搅拌器，使物料先混合均匀，然后升温加热并不停搅拌。熬约 30～40min，当液面出现光亮黏稠膜、干燥物达 75%左右时，即熬至终点（102℃），停止加热。高糖羊羹的终点温度达 104℃以上。

（5）注羹　注羹可采用机械注羹，也可用手工。国产注羹器有点动、半自动、全自动三种功能。

（6）封口、杀菌　待羹面凝固后，折叠羹面以上的铝箔纸，在

33.3～39.9kPa条件下真空封口。封口后放回原羹模，在108℃温度下蒸汽杀菌30min。杀菌后经过冷却，检验合格即为成品。

（四）成品质量标准

（1）感官指标　呈茶褐色，有较高的光泽度，色泽均匀一致；表面平滑，无气泡、缺角、缺边现象，有适度弹性、硬度，切面无空隙，组织细腻；适度适口，砂感明显，有浓郁豆沙、果泥之混合香气和较明显的可可、奶粉香味；不允许杂质存在。

（2）理化指标　每支净重35g、40g、50g、125g等规格，公差为±3%，水分27%～32%，还原糖3%～5%，总糖（以葡萄糖计）35%～40%，砷（以As计）≤0.5mg/kg，铅（以Pb计）≤1.0mg/kg，铜（以Cu计）≤5mg/kg。

（3）微生物指标　细菌总数≤5000个/g，大肠菌群≤30个/100g，致病菌不得检出。

九、松子仁羹

（一）生产工艺流程

选择原料→预处理→磨浆→制羹→包装→成品

（二）操作要点

（1）选择原料　选用无霉烂、发芽的松子仁30份，白糖80～100份，红小豆25份，琼脂或食用明胶35份，并取物料总量0.05%的苯甲酸钠作为防腐剂。

（2）原料预处理　在制作前8～10h将琼脂粉碎成小块，浸泡于为其重量20倍的水中，使琼脂充分吸胀，停5～6h后，将其加热至90～95℃，以加速其溶化，若杂质较多，应在溶化后过滤，并适当添加琼脂用量。

将红小豆洗净，剔除杂质，放入锅中煮烂后捞起，用粉碎机破碎后，用筛孔为 0.8mm 的筛子过滤，筛去豆皮制成豆泥酱，再用压榨机滤除水分，制成豆沙。

将脱涩处理的松子仁置沸水中预煮 30～40min，掌握以松子仁煮熟为宜。用不锈钢磨或石磨将煮好的松子仁磨成浆，磨浆时加少量水，以减轻浆体粘磨现象。加入适量糖在松子浆中，文火熬煮，边熬边搅拌，以保持受热均匀，当浆体固形物浓度达 65%～67%，温度在 101～102℃时出锅。沸水中将苯甲酸钠溶解备用。

(3) 制羹　将琼脂、白砂糖、豆沙掺到一块儿搅拌均匀，取其总量 1/20 的水加入锅中加热，并将琼脂、白砂糖、豆沙的混合物加入，加热熬制，在加热过程中不断搅拌，以防止豆沙沉底焦煳，待加热到 105℃时，迅速将松子浆和苯甲酸钠投入锅中，搅拌均匀后起锅，迅速将物料浆注入衬有锡箔纸的铁制或硬质塑料模具中，模具的规格可依需规定，停 30～40min 后，料浆冷却凝固，即可包装入库作为成品。

十、山药果羹

(一) 生产工艺流程

白砂糖→化糖浆　柠檬酸
↓　↓
山药果半成品→软化→打浆→浓缩→调配→灌装→杀菌→检验→成品

(二) 操作要点

(1) 软化　将山药果半成品放入夹层锅中，加水通蒸汽加热软化。加水量以刚浸没原料为好。软化时间以原料熟、软、烂为宜，一般 10～15min 即可。软化结束时水和原料基本成为一体，不应有明显的流动水。

(2) 打浆　软化好的原料入打浆机充分打透，至浆体组织细腻、无颗粒为止。用 0.7～1.5mm 筛网孔径的打浆机打浆较好。

(3) 浓缩　加糖与调香均应在本工序完成。

① 化糖浆　先配好75%的白砂糖溶液，经过过滤后加热浓缩，使其浓度为80%。

② 浓缩　将浓度为80%的糖浆溶液加入到山药果浆体中，搅拌均匀，加热浓缩。最好在真空浓缩锅中进行。浓缩过程中应不断搅拌，防止焦化。浓缩至可溶性固形物达64%时，加入适量的浓度为65%的柠檬酸溶液防腐剂、全天然香料和色素，搅拌均匀。

③ 调香　山药果的特别风味不是很明显，调香香型的自由度比较大。建议调香香型应根据销售市场上情况区别对待。

由于山药果浆本身含有较多的胶体物质，因此制作的山药果浆中不需要再加其他的增稠剂。

(4) 灌装　浓缩好的果浆应迅速装入干净的容器中，封口时浆体温度在80℃时为好。

(5) 杀菌　应封口后0.5h内进行杀菌。一般情况下，杀菌条件掌握为升温5min，沸水中保温20min，然后分段冷却至35℃左右。

(6) 成品　成品要在温度较低、干燥通风处保存。

（三）产品特点

山药果羹成品色泽为咖啡色或较深的铁锈色。产品有光泽，均匀一致，具有山药果羹特有的风味，无焦煳味和其他异味。酱体呈胶黏状，均匀细腻，无糖结晶、无皮、无块，不允许杂质存在。

十一、马铃薯羊羹

（一）生产工艺流程

胡萝卜→清洗→蒸煮→打浆
↓
马铃薯→清洗→蒸煮→磨碎制沙→熬煮→注羹→冷却→包装→成品

（二）操作要点

（1）制沙　将马铃薯用清水洗净，放入锅中蒸熟，然后在筛上将马铃薯擦碎，过筛即成马铃薯沙。

（2）胡萝卜预处理　胡萝卜经清洗后，可蒸熟或煮熟，打浆成泥，也可焙干成粉后添加。

（3）化琼脂　将琼脂放入20倍的水中，浸泡10h，然后加热，待琼脂化开为止。

（4）熬制　加少量水将糖化开，然后加入化开的琼脂，当琼脂和糖溶液的温度达到120℃时，加入马铃薯沙及胡萝卜浆，再加入少量水溶解的苯甲酸钠，搅拌均匀，当熬到温度105℃时，便可离火注模，温度切不可超过160℃，否则没注完模糖液便凝固。

（5）注模　将熬好的浆用漏斗注进衬有锡箔纸的模具中，待冷却后自然成型，充分冷却凝固后即可脱模，进行包装即为成品。所用模具可用镀锡薄钢板按一定规格制作。

十二、甘薯营养羹

（一）生产工艺流程

甘薯→挑选→清洗→去皮→护色→刨丝→烫漂→冷却→烘干→粉碎→超微粉碎→配料混合→称量包装→成品

（二）操作要点

（1）原料选择　原料要求新鲜良好，薯块大小均匀、光滑，无病虫害、无霉烂发芽现象。原料运输途中必须用编织袋包装，尽量避免原料在装袋、运输过程中出现破皮现象。收购装运过程做到通风透气，产地到加工运输时间掌握在10天内。

（2）清洗、去皮　用清水洗净甘薯表面泥沙，用削皮刀去除红薯两端，削去表面薯皮，挖除表面根眼。

（3）护色 将已去皮的甘薯立即放入配制好的0.1%柠檬酸溶液中进行护色20min，护色液漫过红薯即可。

（4）刨丝 将护色好的甘薯人工刨丝或送入刨丝机中进行刨丝，厚度1～2mm之间。

（5）烫漂、冷却 刨丝后的甘薯放入约95℃的温水中烫漂2～3min。烫漂后立即放入冷水中冷却。

（6）烘干 将冷却后甘薯丝或片放入烤房干燥，干燥温度为70～75℃，烘干时间为10h，烘干过程中翻动2次，烘至水分含量小于8%以下。

（7）粉碎 将烘干后的甘薯片或甘薯丝放入多用粉碎机中进行粉碎，细度为100目。

（8）超微粉碎 将上述粉碎好的甘薯粉放入高速气流旋涡式粉碎机中进行超微粉碎，细度为200目。

（9）配料混合 按配方以100g计算，甘薯细粉50g、葛根粉25g、白糖粉15g、植脂末5g、大豆粉5g。将上述各种配料放入自动拌料机中混合均匀，注意控制混合机的速度与混合时间，以便使物料充分混匀。

（10）称量、包装 在全自动包装机上将混合好的配料进行定量小包装20g，然后9小包为一大包装。包装箱要符合食品包装要求，用胶带封口，注明产品名称、净重、规格、生产厂家代号、生产日期。包装时所用的一切器具均应编号，使用前后要清点，以防装入成品箱内。为防止塑料袋破损，包装时切勿捶打纸箱。

（三）成品质量标准

（1）感官指标 呈金黄色，色泽基本一致；粉状均匀，无明显结块现象。冲调后，半透明黏胶状，稠度均匀，色泽均匀呈红玉色，有光泽。均有甘薯特有的香气和滋味，爽口润滑，不涩口，不得有异味；无肉眼可见外来杂质；以温水润湿调匀后，用90℃以上沸水冲调，1min内溶胀糊化。

（2）理化指标　水分≤12.0%，灰分≤2.0%，总糖（以葡萄糖计）≤50.0%，蛋白质≥2.5%，β-胡萝卜素≥25.0mg/kg，黄曲霉毒素 B_1≤5μg/kg，铅（以 Pb 计）≤0.2mg/kg，无机砷（以 As 计）≤0.2mg/kg，汞（以 Hg 计）≤0.02mg/kg，铬（以 Cr 计）≤1.0mg/kg，镉（以 Cd 计）≤0.2mg/kg，氟（以 F 计）≤1.5mg/kg，二氧化硫残留量（以 SO_2 计）≤30.0mg/kg，食品添加剂按 GB 2760—2014 执行。

（3）微生物指标　细菌总数≤10000 个/g，大肠杆菌≤40 个/g，霉菌≤50 个/g，致病菌不得检出。

十三、加州杏仁酸枣羹

（一）原料配方

加州杏仁粉 35kg、酸枣 4.1kg、琼脂 2.4kg、白砂糖 28.5kg、苯甲酸钠适量。

（二）生产工艺流程

杏仁→焙烤→磨浆→杏仁酱
↓
酸枣→分选清洗→温水浸泡→软化打浆→浓缩→酸枣酱→混合调配→浓缩→灌装→灭菌→冷却→产品

（三）操作要点

（1）杏仁酱制备　将经过焙烤的原料美国加州杏仁粉加适量水后，送至胶体磨进行研磨，即得杏仁酱。

（2）琼脂溶化　琼脂切成小块于 20 倍水中浸泡 10h，然后于 90～95℃加热溶解。

（3）枣泥的制备

① 原料处理。将酸枣进行分选，去除枯枝落叶等杂质，并除去发霉变质的腐烂果。分选完毕后利用清水进行清洗，洗去枣果表

面的污物、泥土，以免影响质量。然后用45～50℃的温水浸泡1h，使其充分吸水膨胀。

② 软化打浆。每100份酸枣加水30～35份，放入夹层锅中煮1h，并不断搅动，使其充分软化。然后用0.2mm孔径打浆机打浆1次，除去枣核和皮渣，再送胶体磨研磨。

③ 浓缩。将上述浆液放入真空浓缩锅内，在真空度80～93kPa、温度40～50℃下浓缩提炼成膏状，即得酸枣泥。

(4) 混合调配、浓缩　按配方分别称取杏仁酱、酸枣泥、白砂糖置于夹层锅中加热浓缩，浓缩过程中要不断搅拌，至可溶性固形物达65%时，加入琼脂液，同时加入用少量水溶解的苯甲酸钠，搅拌均匀，浓缩至可溶性固形物达70%时出锅。用经验法——“挂片法”进行判断，即用竹片挑取少许浆液使之下滴，呈不断的粘连状时即可。

(5) 灌装、灭菌　浓缩好的果酱应迅速装入干净的容器中并进行封口，成品的包装可采取布丁的小包装，也可以是大盒的供全家食用的大包装。然后进行灭菌，灭菌采用巴氏灭菌方法，产品灭菌后经冷却即为成品。

（四）成品质量标准

(1) 感官指标　呈乳白色，有光泽，色泽均匀一致；表面无气泡、无缺角，有适度弹性和硬度，切面无空隙，微有嚼劲；甜度适口，具有加州杏仁、酸枣的浓郁香气，无异味；不允许杂质存在。

(2) 理化指标　每支净重100g，杏仁35%～40%，水分27%～32%，总糖（以葡萄糖计）30%～35%，还原糖3%～5%，砷（以As计）≤0.5mg/kg，铅（以Pb计）≤1.0mg/kg，铜（以Cu计）≤5mg/kg。

(3) 微生物指标　细菌总数≤5000个/g，大肠菌群≤30个/100g，致病菌不得检出。

十四、猕猴桃无籽果羹

（一）原料配方

猕猴桃果泥47.2%、猕猴桃果汁41.3%、果葡糖浆11.3%、复配稳定剂0.2%（0.08%卡拉胶+0.04%结冷胶+0.08%CMC）。

（二）生产工艺流程

猕猴桃鲜果→催熟→榨汁→离心过滤→无籽果汁
↓
硬果→去皮、挖芯→去籽果块→漂烫→破碎→果泥→配料→脱气→灌装→杀菌→包装→成品
↑
果葡糖浆、稳定剂加热溶解

（三）操作要点

（1）无籽果汁制备　猕猴桃为浆果，采摘后不宜立即榨汁，需用0.2%的乙烯利对猕猴桃鲜果进行催熟处理。将无霉变、发酵的熟软果进行榨汁，经离心分离后得到无籽果汁，冷藏备用。

（2）去籽果泥制备

① 去皮、挖芯、除籽。选用八成熟，无腐烂、病虫害，单果重80～120g的新鲜果实去掉表层皮毛，要求裸果无绒毛、果蒂残留。用挖芯机对猕猴桃裸果挖芯处理，得到去籽果块。

② 烫漂。将去籽果块进行烫漂处理，以去除生涩味。温度控制为85～95℃，烫漂时间为10min。

③ 破碎。将上述处理后的果块用组织捣碎机打成颗粒，再经胶磨机胶磨成果泥。

（3）配料　将水加热至65℃，按照配方规定量加入稳定剂、果葡糖浆，搅拌至溶解完全，与去籽果泥、无籽果汁置于配料罐中，充分搅拌均匀。

（4）灌装　用二氧化氯消毒空瓶，再用无菌水清洗，趁热灌装

产品，灌装温度80～85℃。

(5) 杀菌、包装 采用常压杀菌法，温度为90～95℃，杀菌时间为20min。杀菌结束后经过包装即为成品。

（四）成品质量标准

(1) 感官指标 产品呈自然的淡黄绿色；具有猕猴桃独特的风味和香气，酸甜适口，无异味；呈均匀混合的半流体状态，质感细腻，无沉淀、分层、水析现象。

(2) 理化指标 固形物含量（20℃折射率法）14.5%，总酸（以柠檬酸计）4.8～5.0g/L，砷（以As计）≤0.2mg/kg，铅（以Pb计）≤0.1mg/kg，铜（以Cu计）≤5mg/kg。

(3) 微生物指标 细菌总数≤100个/mL，大肠菌群<3个/100mL，致病菌不得检出。

十五、速食枸杞羹

（一）生产工艺流程

选料→清洗→浸泡→蒸煮→冷却→烘干→去皮→去籽→筛选→烘干→冷却→包装

（二）操作要点

(1) 原料选择、清洗 枸杞最好选用皮薄、肉厚、籽少的浆果，也可选用加工后的干果。无论是干果还是鲜果，都需要先用比重去石机磁力分选器去掉其中的小石砂粒及微小磁性金属等杂物，并用20～30℃温水反复淘洗，注意水温不宜过低，以免影响去污效果。

(2) 浸泡、蒸煮 选用干果必须在浸泡池进行浸泡，使之吸水膨胀，以缩短蒸煮时间，减少生产耗能，降低生产成本。浸泡水温保持在25～40℃之间，浸泡时间为2h，至果胀率达到70%以上即可。蒸煮过程在密闭的蒸煮锅中进行，常压下蒸煮25～30min，使枸杞开裂率在90%以上，以确保皮、肉、籽分离，便于筛选。

（3）冷却、烘干　经蒸煮后的枸杞要立即冷却，一般以风扇降温，冷却至室温即可烘干。烘干的作用一是去掉水分，便于筛除皮、籽；二是便于成品包装、贮存，也便于食用前复水。采用振动流化床干燥机进行烘干，进入流化床前先滤去表面水分，以防止成团结块，影响筛选皮、籽，干燥介质温度控制在65～70℃之间，干燥后的水分小于8%为宜。

（4）去皮、去籽　去皮、去籽可选用平面回转筛，该筛有上下两层筛面，上层用40mm×20mm方形筛孔用来清除异皮，下层用15mm圆形筛孔，用来清除果籽。中间为所选果肉成品。

（5）包装　筛选后的果肉可直接进行包装，包装材料适宜选用阻水、阻气、遮光度好的材料，如铝箔复合包装材料、酯袋、聚丙烯袋等，采用颗粒计量包装机，可以完成一次性自动下料、自动计量、自动封口等工艺。

（三）成品质量标准

（1）感官指标　外观呈颗粒状，保持了枸杞所应有的色、香、味，外观色鲜艳诱人，其复水时间≤8min，食用方便快捷。

（2）理化指标　碳水化合物68.52%，脂肪9.42%，蛋白质14.16%，水分7.8%。

（3）微生物指标　细菌总数≤2800个/g，大肠菌群≤52个/100g，致病菌不得检出。

第五章

食用糊类加工技术

第一节 谷物糊类加工技术

一、多功能玉米黑芝麻糊

（一）生产工艺流程

黑芝麻→除杂→浸泡→磨浆→黑芝麻乳液
↓
玉米→除杂→浸泡→发芽→磨浆→保温酶解→分离除渣→玉米芽乳液→配制→杀菌→均质→浓缩→喷粉→冷却→包装

（二）操作要点

(1) 玉米芽乳液制备

① 玉米的预处理。挑选成熟度高、无虫蛀、发芽率在95%以上的玉米。用100～170℃热风预先处理30～40s，以改善种皮的透气性并促进玉米早发芽。

② 玉米的浸泡。玉米每浸5h，喷雾10h，反复进行至玉米含水量达50%左右。全程60h，在水中浸渍20h，喷雾40h。喷雾的同时通入空气，细密的水雾含氧充分，使吸水与吸氧同时进行，浸渍水温控制在15℃左右，最高不超过18℃。

③ 玉米发芽条件。发芽期间相对湿度应维持在85%～90%以上，温度控制在15℃。发芽前期需氧气充足，后期需一定量的二氧化碳，发芽时间约需6d左右，发芽率95%以上，芽长为0.15～0.25cm，发芽过程必须避免阳光直射。

④ 玉米芽磨碎。玉米经过发芽溶解，即可在玉米芽中加5～6倍80℃的热水，用磨浆机磨碎。

⑤ 保温酶解。玉米芽浆液在55～65℃水浴中酶解2h左右，并不断搅拌。目的主要是为了加快淀粉酶、蛋白酶等酶类的水解作用，提高功能性低聚糖、活性多肽等成分的浸提速度。

⑥ 过滤除渣。采用120目筛网过滤，弃渣，玉米芽乳液备用。

(2) 黑芝麻乳液制备　将黑芝麻在净水中浸泡8～10h，泡涨后，用磨浆机进行磨浆，得黑芝麻乳液备用。

(3) 白糖浆制备　按白砂糖∶水＝3∶1的比例熬制，过滤即得白糖浆备用。

(4) 混合配制　将0.25%柠檬酸、食盐等配料分别配制成一定浓度的溶液，过滤后缓慢搅拌加入白糖浆，然后将糖浆与玉米芽乳液、黑芝麻乳液定量混合均匀。具体配比：玉米芽乳液55kg、黑芝麻乳液20kg、白砂糖16.5kg，食盐2.5kg。

(5) 杀菌、均质、浓缩　将混合乳液在90℃下保温30min杀菌，把乳液冷却至65℃，放入均质机中。在0.5MPa下均质至料液粒径为1～2μm，再将均质乳液加热浓缩至水分含量10%左右。

(6) 喷粉、冷却、包装　将浓缩后的物料在压力0.16MPa、温度为45～50℃的条件下进行喷雾干燥。要求排风温度在60～68℃，进风温度在150～180℃，所得产品水分含量低于3%。将喷雾所得产品冷却至15℃左右，然后进行真空包装。

(7) 食用方法　加入玉米黑芝麻6～8倍的热开水，冲调、搅拌均匀，即可食用。

（三）成品质量标准

(1) 感官指标　黑褐色；具有玉米芽的清香和黑芝麻特有的香味；粉末状，用开水冲调后口感细腻甜润。

(2) 理化指标　水分＜8%，蛋白质＞8%，脂肪＞12%，碳水化合物＞60%，粗纤维＞5%，铅（以Pb计）≤1mg/kg，砷（以

As 计)≤0.5mg/kg，黄曲霉素≤5μg/kg。

(3) 微生物指标 细菌总数≤200 个/g，大肠杆菌≤3 个/g，致病菌不得检出。

二、杯装玉米糊

(一) 原料配方 (以成品内容物计)

玉米 6%，奶粉 1%，白砂糖 10%，专用复合稳定剂 0.45%。

(二) 生产工艺流程

奶粉、白砂糖、稳定剂
↓
玉米→膨化→粉碎→混合→调糨糊化→均质→灌装封口→杀菌→冷却→保温检查→成品

(三) 操作要点

(1) 玉米原料的选择及预处理 选用新鲜干燥已去除外皮及芽胚的黄玉米，如是整粒玉米须先另行去皮脱胚。制作前检查有无泥沙及霉变、虫害等污染，如有应及时清除。若颗粒过大（大于 3mm×3mm×3mm）则须先行破碎。

(2) 膨化 将玉米瓣以匀速喂入膨化机中膨化，喂料量需适度，过大易卡死，过小或断料则膨化不良甚至焦化。

(3) 粉碎 膨化后的玉米用 100 目筛网的粉碎机进行粉碎。

(4) 混合 将原辅料按配比混合均匀。

(5) 调糨糊化 向混合好的粉料中加入饮用水，搅拌并加热至糊化，使之成为较均匀的糊料。

(6) 均质 用胶体磨将糊料磨细磨匀。

(7) 灌装封口 经均质的糊料灌入 200mL 容量的一次性塑料饮料杯中，用封口膜进行热压封口。封口后检查封口质量，如有虚封、泄漏、皱褶等封口不良者需要重新灌封。

(8) 灭菌、冷却　封口后的半成品经检查无封口不良即进行杀菌，杀菌温度121℃，时间20min。杀菌后加反压降温至95℃，通入冷水喷淋冷却至60℃，出锅擦干杯身水分，至保温库中存放24h，检查无分层、胀气、变质等现象即可装箱出厂。

（四）成品质量指标

(1) 感官指标　淡黄色；均匀稀糊状，流动但不分层，允许有少量沉淀物；有玉米的清香味和牛奶香味，甜滑细腻，口感丰满，无异杂味。

(2) 理化指标　净含量≥200g，总固形物≥17%，蛋白质≥0.8%。

(3) 微生物指标　应符合罐头食品商业无菌要求。

(4) 保存期　常温下保质期180天。

三、玉米海带果仁即食糊

（一）生产工艺流程

干海带→浸泡→漂洗→干燥→粉碎→过筛
↓
玉米→脱皮→膨化→粉碎→过筛→混合→包装→成品
↑
果仁→烘烤→粉碎→冷却

（二）操作要点

(1) 玉米膨化粉的制备　选择颗粒饱满、无霉变的当年产高赖氨酸玉米，去除砂石等杂质，用粮食脱皮机磨去玉米外层的蜡质皮，然后利用膨化机进行膨化，膨化温度为180～210℃，压力为0.98～1.17MPa，物料水分为3%左右。将玉米膨化后进行粉碎，过80目筛。

(2) 海带粉制备　将干海带用其全量10倍的水浸泡，至海带充分涨发。清洗干净后晾干，粉碎，过80目筛。

（3）熟果仁的制备　选择子粒饱满、无霉变的当年产果仁，除去杂质，在清水中迅速漂洗一次后，甩干，晾干，尽量使果仁少吸收水分，以利于下步的烘烤。将葵花仁传送入隧道式烤箱中，在170～210℃的温度下动态焙烤10min；将南瓜子仁在同样条件下焙烤5min；将松子仁在100～120℃下焙烤5min。在传动网上挑出焦煳果仁，立即进行风冷降温，冷却后的果仁破碎成小颗粒。降温有利于果仁的保质。

（4）混合与包装　将膨化的玉米粉、海带粉、糖粉（白砂糖粉碎后制得）和果仁，按配方比例混合均匀，装入小塑料袋中，每袋50g。外包装为铝塑复合袋，每袋装7小袋。

（三）成品质量指标

（1）感官指标　玉米海带果仁糊，呈淡黄色粉状并掺有果仁颗粒。葵花仁为卵黄色、松子仁和花生仁为乳白色，南瓜子仁为淡绿和卵黄相间色。用开水冲调后，口感细腻甜润，具有玉米清香滋味，果仁嚼之酥脆，具有果仁特有的香味。

（2）理化指标　每袋成品中各种成分的含量如下：水分＜5g，蛋白质≥10g，脂肪≥10g，碘≥100μg，钙≥24mg，过氧化值（以脂肪计）≤0.25%，铅（以Pb计）≤0.5mg/kg，砷（以As计）≤0.5mg/kg。

（3）微生物指标　细菌总数≤750个/g，大肠杆菌群≤30个/100g，致病菌不得检出。

四、玉米大豆黑米复合营养糊

（一）生产工艺流程

玉米选择→润湿→去皮去胚→玉米渣→膨化→粉碎→玉米粉
↓
大豆原料选择→烘烤→去皮→浸泡→煮熟→磨浆→杀菌→均质→喷粉→加黑米粉、花生粉混合→成品

（二）操作要点

（1）玉米粉的制备　选择粒大、饱满、无霉变、无病虫害、无杂质的玉米，用40～50℃温水浸泡6～8h后捞出，用清水冲洗2遍，再用机械磨擦去皮。将去皮去胚后的玉米粒用隧道式热风烘干机烘干水分至10%～40%后，送入挤压式连续膨化机进行膨化，膨化温度160℃左右，水分12%左右，压力0.98MPa，即可得到膨化好的玉米花，再用普通粉碎机进行粉碎，细度达40～60目，即得玉米粉。

（2）大豆粉的制备　将粒大、色纯、成熟完全、无质变的优质大豆放入电烤箱，在110～120℃烘烤4h，以去除豆腥味。用大豆去皮机进行轻度粉碎，风力去皮，加入大豆3倍量的水，水温在50～60℃，浸泡2.5～3h后加入原料8倍量的水，用双重胶体磨磨浆，磨出的浆料用100目筛网过滤，即得豆浆乳状液。用列管式杀菌器85℃、5min进行杀菌，冷却至60℃左右，以40MPa进行2次均质，再采用离心喷雾，喷出的豆粉及时放冷，备用。

（3）黑米粉的制备　选择无虫蛀、无杂质的优质黑米，放入挤压式膨化机进行膨化，将膨化后的黑米粉碎成黑米粉，备用。

（4）花生粉的制备　选择无虫蛀、无霉变的花生，放入远红外烘箱中进行烘烤，温度为125℃、30min，烘烤至有浓花生香味后，用压延机将花生粉碎，粉碎达到20目左右为好。

（5）复合营养粉的混合、制备　复合营养糊的配方为（大豆＋花生）∶玉米∶黑米＝40∶32∶28。将已制备好的原料粉放入混合机，并添加具有微量元素的维生素进行充分混合后过筛，包装可采用内装小袋，外装铝锡铍袋，最后进行真空或充氮包装，即为成品。

（三）成品质量标准

（1）感官指标　灰黄色，有微小花生粒；用适量温开水冲成糊状，有浓豆香、花生香味，入口后有浓玉米香味。

（2）理化指标　水分＜5%，蛋白质≥8.5%，脂肪≥10.0%，碳水化合物≤50%。

（3）微生物指标　细菌总数≤30000个/g，大肠菌群≤50个/100g，致病菌不得检出。

五、黑玉米甘薯即食糊

本产品是以甘薯、黑玉米、花生、葵花子、白砂糖为原料，经过不同处理，将粉碎制成的甘薯全粉、黑玉米粉、花生、葵花子按一定配比生产出的一种新型产品。

（一）生产工艺流程

（1）甘薯粉的制备工艺

甘薯选择→清洗→切块→蒸煮→去皮→磨浆→干燥→粉碎→过筛→熟甘薯粉

（2）黑玉米粉的制备工艺

黑玉米除杂→清洗→煮制→烘干→膨化→粉碎→过筛→黑玉米粉

（3）黑玉米甘薯即食糊的生产工艺流程

```
                          黑玉米粉   白糖、花生、葵花子
                              ↓              ↓
甘薯清洗→蒸煮→磨浆→干燥→粉碎→过筛→调配→计量→包装→成品
```

（二）操作要点

（1）甘薯清洗、蒸煮　利用流水将甘薯漂洗数次，洗去附着在甘薯表面的泥沙等杂物，然后切成1cm的薄片，放入蒸煮锅中进行蒸煮，要求圆汽后蒸煮10～15min，保证蒸出的甘薯片熟透，无硬心。

（2）甘薯磨浆、干燥　将上述蒸煮出的甘薯片取出，稍微冷却后将甘薯皮去除，然后放入打浆机打成浆状。如果甘薯含水量比较低，磨浆时可加入适量的水。

(3) 甘薯干燥、粉碎　将浆状物置于80℃的温度条件下进行干燥，干燥后得到黄色块状物，然后用粉碎机进行粉碎，再过60目筛，即可得到熟甘薯粉。

(4) 黑玉米清洗、煮制　反复冲洗黑玉米以去除表面的泥土等杂质，然后放入蒸煮锅中煮制，煮到玉米内无硬心即可。

(5) 黑玉米烘干、膨化　将煮制好的黑玉米捞出，放入40～50℃的烘箱中烘干4～6h，用小型膨化机在10.61×10^5Pa的压力下进行膨化。烘干温度对其他操作的影响不大，烘干温度高则减少烘烤时间。

(6) 黑玉米粉碎、过筛　将膨化后的黑玉米放入粉碎机中，进行粉碎，然后将黑玉米粉过80目筛，得到组织均匀的黑玉米粉待用。

(7) 调配　具体配比（按质量分数）为甘薯粉为57.47%、黑玉米粉为23.0%、花生为6.78%、葵花子为4.71%、白糖为8.0%。将上述原料调配好后经过计量包装即为成品。

（三）成品的感官指标

具有甘薯粉的颜色和膨化黑玉米的颜色，暗灰黄色，同时有小颗粒均匀分布；有浓郁的膨化黑玉米味和甘薯味，同时伴有轻淡的甜味、花生味及葵花子味；入口稍甜，有适度的稠厚感，有滑爽感，可感觉到小颗粒；冲调不分层、无疙瘩，冲调性好。

六、糯玉米糊罐头

（一）生产工艺流程

鲜（青）果穗→去除苞叶→清理、除杂→分级→顺穗轴铲下子粒、刮下浆料→制备糖盐混合液→预煮→装罐→真空封罐→杀菌→冷却→保温、检验、贴标与装箱→成品

（二）操作要点

（1）原料采收　为保证糯玉米一定的成熟度，一般以乳熟中期的原料比较理想（以小刀划破子粒表面，捏之稍有浆液流出为度）。此时采收的原料，皮薄味美，其品质、风味达到最佳，且采收得率又较高。

（2）清理　采用人工或玉米苞叶剥除机去苞叶，用高压水冲洗果穗，以除去尘土和穗须。

（3）分级　经过清理后的果穗，按成熟度的不同分类，即将采收时混入的少量乳熟初期、成熟期的原料与乳熟中期的原料分开，以便后道工序控制。

（4）制浆　用往复式玉米铲粒机的弧形刀，切去子粒脐部的2～3mm，刮取剩余子粒和胚芽部分而成浆状。再配以水、砂糖、食盐及部分添加剂。其配方为糯玉米净料 40kg、水 100L、食盐 2.5kg、糖 1.5kg。

（5）预煮　通过预煮，可以避免发生装罐产品淀粉混汤现象。将原料直接加入配好的糖盐混合液中，进行预煮处理，使淀粉充分糊化。加水量以玉米∶水＝1∶（2.5～2.7）的比例而定，预煮时间为 25～30min。

（6）装罐　待糯玉米子粒中的淀粉充分糊化，成为具有一定黏稠度的浆状时，趁热装罐，并采用真空封罐辅助排气。

（7）杀菌与冷却　采用旋转式高压杀菌锅，进行 121℃、60min 的杀菌工艺。杀菌结束后，应尽快使罐头冷却到 38℃以下。经检验合格贴标，即为成品。

七、金玉冲调糊

本产品是以玉米为原料进行金针菇的固体培养，再将固体培养物用挤压膨化技术加工成冲调糊。产品呈淡黄色粉末状，气味芳香，味甜可口，加沸水冲调即成透明糊状，既是保健食品，又是方便食品，易消化，适于老年人、儿童、病人、产妇食用。

（一）生产工艺流程

玉米选择→清杂→淘洗→浸泡→煮沸→配料 a→分装→灭菌→接种→培养→破碎→烘干→配料 b→挤压膨化→粉碎→配料 c→称量→包装→成品

（二）操作要点

(1) 玉米选择及处理　玉米要求子粒饱满，无破损及霉变。清杂后淘洗，浸泡 24～48h（时间视温度而定）。煮沸 20～30min，以煮透但不开花为宜，沥水后称重，约增重 1 倍。

(2) 培养基制备　母种培养基采用马铃薯、葡萄糖综合培养基。

原种培养基：玉米 98%、碳酸钙 2%。在玉米煮好后拌入食用级碳酸钙粉末，pH 值自然，装入瓶或袋中，于 147.1kPa 压力下灭菌 2h。这里所加的钙供金针菇菌丝发育，通过金针菇的转化，钙的有机化程度大大提高。为了增加产品的补钙功能，必要时还可将碳酸钙的配比增加到 2.5%～3.0%。

固体培养料：同原种培养基。

(3) 接种、培养与烘干　按无菌操作进行接种，接种后于23～25℃适温培养，15 天左右即可发满，菌丝浓白旺盛。继续培养 3～5 天，原种即可使用。将固体培养物挖出，粉碎，于 60～70℃烘干，注意不要烘得太干，使含水量在 10%～12%较适宜。

(4) 配料 b　添加大豆，添加量为 10%～20%，目的是提高产品的蛋白质含量，也可用去皮花生仁代替大豆，进一步提高产品档次。

(5) 挤压膨化　由挤压膨化机完成。它使物料在很短的时间内从高温高压的膨化腔里喷出，可同时完成混炼、杀菌、熟化、脱水等工序。物料在膨化时，温度高达 150～170℃，但从进料到出料仅有20s左右，其中高温膨化时间仅有几秒，因此物料的营养保健成分可最大限度地得以保留，而大分子成分（如淀粉、蛋白质等），则由于物料中水汽的爆胀，使部分化学键断裂而被降解，增加了人们的消化吸收率。

（6）配料c　添加甜味剂等调味成分，以使产品获得最佳口感。将产品经过称量、包装即为成品。

八、五仁小米营养糊

（一）原辅料

小米、芝麻、杏仁、花生仁、葵花仁、核桃仁、大豆粉、奶粉、枸杞、红糖、白砂糖、乳酸钙、葡萄酸亚铁、乳酸锌等。

（二）生产工艺流程

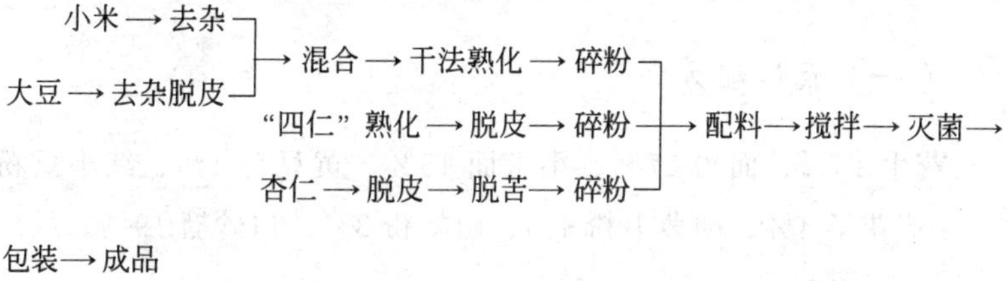

小米→去杂 ┐
大豆→去杂脱皮 ┘→混合→干法熟化→碎粉 ┐
"四仁"熟化→脱皮→碎粉 ├→配料→搅拌→灭菌→
杏仁→脱皮→脱苦→碎粉 ┘

包装→成品

（三）操作要点

（1）原辅料处理　小米要去除杂质，大豆要去除杂质，然后去皮。

（2）熟化　主料熟化要控制温度、湿度和时间。几种干果仁熟化的温度为130～180℃，时间为20～40min，具体依果仁颗粒大小而定。

（3）干果脱皮方法　核桃仁先用沸水冲烫，沥干水分后再用中温烘烤去皮。杏仁用沸水烫后去皮。花生去杂后直接利用烘烤脱皮机去皮。

(4) 杏仁脱苦　杏仁的脱苦采用脱苦液煮制脱苦。

(5) 粉碎　果仁经过粉碎后，坚果仁粒度控制在2mm左右。

(6) 混合、灭菌、包装　将上述处理好的各种原辅料充分混合均匀后，经过灭菌、包装即为成品。

(四) 成品质量指标

具有小米固有的金黄色；粉状，米粉粒小于50目，各种坚果仁粒径小于2mm；清香的芝麻、奶油、杏仁香味和小米的炒香味；绵滑，嚼之有坚果仁香味，无异味，无煳焦味；70～90℃开水冲调性好。

九、小米营养配餐糊

本营养配餐糊是以花生、小米、面粉、豆类、胡萝卜及山楂等为原料，加工制成的一种即食方便食品。

(一) 原料配方

花生15%、面粉27%、小米面15%、黄豆粉4%、红小豆粉4%、葵花子4%、胡萝卜粉4%、山楂粉8%、白砂糖19%。

(二) 生产工艺流程

黄豆、红小豆、小米→淘洗→沥干→烘烤→碎粉
花生仁、葵花子仁→烘烤→碎粉
胡萝卜→清洗→切片→烘干→碎粉
山楂粉、白砂糖→烘干→碎粉
→调配混合→粉碎→过筛→包装→成品

(三) 操作要点

(1) 原料处理　将黄豆、红小豆和小米利用清水分别进行淘

洗，然后沥干水分；葵花子去皮；胡萝卜经过清洗、切片，然后烘干。

(2) 烘烤　各种原料必须经过高温烘烤处理，在烘烤过程中，原料可以被熟化，同时还可产生各种香味物质。烘烤温度和时间是决定各种配料性质的重要因素，直接关系到产品的品质。各种原料理想的烘烤条件，花生烘烤温度160℃，时间20min；红小豆、小米、葵花子烘烤温度160℃，时间30min；黄豆、面粉烘烤温度160℃，时间40min。

(3) 粉碎　烘烤后的各种原料在调配前先分别进行粉碎，制成各种配料，其中花生和葵花子脂肪含量高，过度粉碎后导致配料呈油团状，不利于调配，因此，先破碎成直径5mm左右的颗粒；各种配料调配混合好后，再进行深度粉碎，以保证物料均匀细致，粉碎后的物料过70目筛，以使产品口感细腻。

(4) 包装　选择阻隔性好的PVDC/PE复合包装材料或铁制罐进行包装，避免产品吸潮和油脂氧化，若采用真空包装效果会更好。

（四）成品质量指标

(1) 感官指标　呈黄色，均匀一致；干燥均匀的粉末，无析油现象；用开水冲调后，呈均匀糊状，无沉淀，无结块；具有典型的谷物、花生等焙烤后的复合香味及山楂风味，酸甜适口，无苦味及其他异味，口感细腻。

(2) 理化指标　水分≤3%，蛋白质12%，脂肪11%，碳水化合物69%（其中蔗糖26%），胡萝卜素0.72%，维生素B_1 0.24mg/100g，维生素B_2 0.08mg/g，维生素E 8.38mg/g，铅（以Pb计）≤0.5mg/kg，铜（以Cu计）≤5mg/kg，砷（以As计）≤0.5mg/kg。

(3) 微生物指标　细菌总数≤1000个/g，大肠菌群≤30个/100g，致病菌不得检出。

十、黑小米膨化即食糊

(一)生产工艺流程

花生→烤制→去红衣→破碎
↓
原料选择→除杂→调配→调整水分→挤压膨化→粉碎→配料→混合→包装→杀菌→成品

(二)操作要点

(1) 原料选择　选用新鲜、饱满、无霉变的脱皮黑小米、大豆和花生。

(2) 除杂　剔除原料中的杂质和腐烂、霉变原料。

(3) 调配　根据人体对各种营养的需求，结合原料的营养特点，选用谷物的黑小米与豆类混合，使其营养互补，尤其是使产品的蛋白质含量符合人体需要。原料调配的比例为黑小米 85%～90%、大豆 10%～15%。

(4) 调整水分　要在测定原料含水量的基础上，将其水分含量调整至 11%～13%，以利于膨化，含水量若太低，则在膨化过程中易焦煳，含水量太高则膨化效果差。

(5) 挤压膨化　采用挤压膨化设备，一般膨化温度为 150～170℃，挤压压力 0.8～1.2MPa。

(6) 花生的预处理　将花生在 120～140℃的温度下烤熟出香，然后去红衣，并破碎至 60～80 目。

(7) 粉碎　将膨化后的物料粉碎至 80 目。

(8) 配料混合　按下列配方将其混合均匀：膨化粉 55%～65%、白糖粉 25%～30%、花生粉 5%～8%、植脂末 3%～5%、麦芽糊精 10%～15%。

(9) 包装　采用聚乙烯薄膜小袋做内包装，每小袋 30～40g，每 8～10 小袋装一外包装大袋。外包装采用 PET/铝箔/PE 复合材料制成，具较强的防潮能力和较高的阻气性能。

（10）杀菌 产品装入小袋密封后，采用微波杀菌机进行杀菌处理。经过杀菌后即为成品。

十一、速食小米糊

（一）生产工艺流程

小米、黄豆→筛选除杂→炒制→去皮→粉碎→混合→冲调→成品

（二）操作要点

（1）小米粉制备 选用子粒饱满、色泽均匀、不含杂质的优质小米。将400g小米放入炒锅中炒熟，以产生很好的香气和色泽为标准，注意在炒制过程中要不断搅拌，以免烧焦影响品质。然后用万能粉碎机进行粉碎，粉碎物过80目筛，取筛下物备用。

（2）黄豆粉制备 选用子粒饱满、色泽均匀、不含杂质的优质黄豆，将200g放入炒锅中炒熟，以产生很好的香气和色泽为标准，注意在炒制过程中要不断搅拌，以免烧焦影响品质。然后人工去皮，再用万能粉碎机进行粉碎，粉碎物过80目筛，取筛下物备用。

（3）混合、冲调 按小米粉∶豆粉＝20∶5的比例进行混合，然后添加两者总量20%的白糖，冲调时水的温度90℃，冲调时粉与水的比为1∶5。

（三）成品质量标准

产品冲调前呈粉末与细颗粒状，颜色浅棕；具有天然浓郁的小米黄豆等复合香味，无其他异味。冲调后体态均匀，无沉淀，无结块，具有一定的黏稠度。口感舒适，滋味香甜。

十二、黑米芝麻糊

（一）原料配方

黑米 55%～60%、蔗糖 25%、芝麻 9%～14%、黑大豆 5%、蛋黄粉 1%。

（二）生产工艺流程

精选黑米、黑大豆→膨化→加熟芝麻、白砂糖→粉碎→拌和调配→包装→成品

（三）操作要点

（1）原料处理　选用优质黑米、黑大豆，大豆经粉碎、增湿（水分含量在 14.5%左右）后与黑米进入膨化机进行膨化，并切成 0.5～1cm 的圆柱。精选黑芝麻在 150℃下烘烤 30min，使芝麻炒熟并产生香味；将蛋黄放在烘箱内烘干制成蛋黄粉。

（2）原料粉碎　将膨化后的黑米、黑大豆和熟芝麻、白砂糖按比例倒入粉碎机中进行粉碎，并通过 80 目筛，制成混合物，放入不锈钢桶里备用。

（3）拌和配料　将黑米、大豆、芝麻粉和蛋黄粉按比例放入拌和机内拌匀，及时封口包装。

（4）成品包装　成品内包装采用塑料薄膜袋，每袋 250g，热合封口。外包装采用纸盒包装，外加玻璃纸包装。产品经过包装即可出售。

（四）成品质量指标

（1）感官指标　灰褐色粉末，加沸水调成黑色；粉末状，无结块；具有黑米、芝麻特有的香味。

（2）理化指标　蛋白质≥10%，脂肪≥2%，铁≥0.8mg/

100g，钙≥40mg/100g，磷≥100mg/100g。

（3）微生物指标　细菌总数≤1000个/g，大肠菌群≤30个/100g，致病菌不得检出。

十三、薏米山药即食糊

（一）原料配方

薏米25%、山药25%、芝麻5%、蔗糖15%、大米10%、大豆粉15%。

（二）生产工艺流程

大豆、薏米、大米
↓
山药→清洗→去皮→护色→切粒→烘干→膨化→粉碎→过筛→配料→搅拌→计量→包装→成品

（三）操作要点

（1）山药的处理　挑选无损伤、无霉变和无腐烂的新鲜山药为原料，利用流动水洗净其外皮上的泥沙，注意勿损伤山药的外皮，然后用不锈钢刀去皮，去皮后立即投入复合护色液中进行护色，护色液可采用维生素C 0.25%、柠檬酸0.25%、氯化钠1.5%为主配制成的溶液。在护色液中将山药切成3mm×3mm×3mm左右的颗粒后，将其捞出、沥干水分，放入60℃的烘箱中进行烘干，然后再投入谷物膨化机中进行膨化处理。

（2）薏米仁的处理　选择无虫蛀、无霉变、子粒饱满的当年产新鲜薏米，去除杂质后，投入膨化机中进行膨化处理。

（3）大豆和大米的处理　选用优质大豆为原料，去除杂质后，投入脱皮机中破碎处理，然后用风筛去皮，然后再投入膨化机中进行膨化。选用无虫蛀、无霉变、当年产的新鲜粳米，去除杂质后投入膨化机中进行膨化。

（4）芝麻的处理　选用当年产的新鲜白芝麻，去除杂质后，利用文火将其炒熟，并产生香味。

（5）粉碎、过筛　将上述膨化后的山药、薏米仁、大豆、大米等分别倒入粉碎机中进行粉碎。将粉碎后的各种物料分别过 80 目筛。

（6）配料搅拌　将各种物料按比例进行混合，然后将配好的料投入搅拌机中搅拌均匀，即为产品。

（7）成品包装　产品要及时送入车间，检验合格后迅速计量，并用塑料薄膜袋进行包装，每小袋 30g，每 10 小袋组成为一袋产品，利用塑料袋包装后，打印生产日期检验合格即可入库为成品。

（四）成品质量指标

（1）感官指标　淡黄色；粉末状，无块状；香甜可口，具有山药、薏米仁的特殊香味，略带芝麻和大豆的香味，无其他异味。

（2）理化指标（每 100g）　蛋白质≥10g，脂肪≥7g，水分≤5g，钙≥140mg，磷≥200mg，铁≥4mg。

（3）微生物指标　细菌总数＜1000 个/g，大肠菌群＜30 个/100g，致病菌不得检出。

十四、薏米牛蒡即食糊

（一）原料配方

牛蒡 25％、薏米 25％、奶粉 5％、芝麻 5％、蔗糖 15％、大米粉 10％、大豆粉 15％。

（二）生产工艺流程

大豆、薏米、大米（↓膨化）　炒熟←芝麻（↓粉碎）

新鲜牛蒡→清洗→去皮护色→切粒→烘干→粉碎→膨化→粉碎→过筛→配料→搅拌→计量→包装→成品

（三）操作要点

（1）牛蒡的处理　挑选无损伤、无霉变和无腐烂的新鲜牛蒡，利用清水洗净其表面的泥沙，注意勿损伤牛蒡的外皮。然后用不锈钢刀去皮。去皮后立即投入护色液中进行护色，护色液是由0.25%维生素C、0.25%柠檬酸和1.5%食盐组成的水溶液。在护色液中将牛蒡切成3mm×3mm×3mm左右的颗粒后，将其捞出沥干，放入60℃温度的烘箱中烘干，然后投入膨化机中进行膨化处理。

（2）大豆的处理　选用优质大豆，去除杂质后投入脱皮机中破碎处理，然后用风筛去皮，再投入膨化机中进行膨化处理。

（3）薏米的处理　选择无虫蛀、无霉变、子粒饱满当年产新鲜薏米，去除杂质后投入膨化机中进行膨化处理。

（4）大米的处理　选用新鲜的无霉变当年产粳米，去除杂质后投入膨化机中进行膨化。

（5）芝麻的处理　选用当年产的新鲜白芝麻，去杂后用文火将其炒熟，产生香味。

（6）粉碎、过筛　将膨化后的牛蒡、薏米仁、大豆、大米等分别倒入粉碎机中进行粉碎。粉碎后的各种物料分别过80目筛。

（7）配料搅拌　将各种物料按比例进行混合，然后将配好的物料投入搅拌机中搅拌均匀即为半成品。

（8）半成品及时送入包装车间，检验合格后迅速进行称量、装袋、封口，每小袋30g，每10小袋为一大袋，然后打印生产日期，检验合格入库。

（四）成品质量指标

（1）感官指标　淡黄色；粉末状，不结块；香甜可口，具有牛蒡、薏米仁的特殊香味，略带芝麻、大豆香味，无其他异味。

（2）理化指标　蛋白质≥12%，脂肪≥7%，水分≤5%，总糖

≤25%，铅（以Pb计）≤0.1mg/kg，砷（以As计）≤0.05mg/kg，添加剂按GB 2760执行。

（3）微生物指标　细菌总数≤1000个/g，大肠菌群≤30个/100g，致病菌不得检出。

（4）保存期　常温下保存，保质期1年。

十五、薏米营养糊

（一）原料配方

熟面粉20%、白砂糖26%、花生油4%、薏米30%、芝麻10%、核桃仁10%。

（二）生产工艺流程

核桃→破壳→取仁→去杂→烘烤→碾碎磨碎→熟核桃末

芝麻→除尘除杂→淘洗→烘干→烘炒→碾碎或磨碎→芝麻末

薏米→除尘除杂→烘炒→磨粉→薏米粉

精面粉→蒸熟或烤熟→压碎→过筛→熟面粉

白砂糖→粉碎→白糖粉

配料→混合搅拌→油炒→冷却→压碎过筛→装袋→封口→装箱→成品

（三）操作要点

（1）选料　选用成熟、饱满、无虫、无霉变的各种优质原料，以保证产品的质量。

（2）核桃破壳　可用人工破壳或机械破壳，取出核桃仁。

（3）除尘除杂　几种原料若有尘土、杂质等，要剔除干净，以保证产品的质量。

（4）烘烤　几种原料都需要烤熟，要注意观察和搅拌，严防烤焦，并且要严格掌握各种原料烘烤的程度。

(5) 油炒 利用花生油进行炒制，目的是起到增香的效果，切记不能将原料炒煳。

(6) 配料混合 将各种原辅料按照配方的比例放入食品混合机中搅拌均匀，并过筛。

(7) 装袋、封口 按照定量进行装袋封口即为成品。小袋每袋装40g，每大袋可装6小袋。

(四) 成品质量标准

(1) 感官指标 产品呈粉末状，不结块，香甜适口，不油腻，稍有甜味，无异味，无杂质，无霉变。

(2) 理化指标 固形物含量100%，蛋白质7g/100g、脂肪5g/100g、碳水化合物40g/100g以上、磷160mg/100g、钙90mg/100g、铁12mg/100g。

(3) 微生物指标 致病菌不得检出。

(4) 保质期 80天以上。

十六、黑香米糊

吉林黑香米是薏米的一种，这里介绍的是以黑香米为主要原料加工成的一种新型保健食品。

(一) 原料配方

吉林薏米100kg、蔗糖88kg、环状糊精1.1kg。

(二) 生产工艺流程

原料→淘洗→浸泡→磨浆→煮制→灌装→灭菌→冷却→成品

(三) 操作要点

(1) 淘洗 将原料利用清水进行淘洗，以除去夹杂的泥沙等杂质。

（2）浸泡　将淘洗干净的原料以原料10倍的水进行浸泡，浸泡的温度为30～40℃，时间为12h，在浸泡过程中要搅拌3～4次。

（3）磨浆　将浸泡好的薏米加热至60℃左右，并按配方比例加入蔗糖，利用胶体磨磨成浆汁。

（4）煮制　将环状糊精和物料浆液加热煮沸30min，煮沸过程中要求不断进行搅拌。

（5）灌装　将煮制后的物料趁热灌入250mL马口铁听并立即封口。

（6）灭菌、冷却　灌装后的铁听浸入沸水中保持5min进行杀菌，然后取出移入冷水中进行冷却，经过冷却至室温后即为成品。

（四）成品质量指标

（1）感官指标　紫黑色；具有香米特有的芳香味，口味丰厚，无异味，香甜可口；细腻均匀，无杂质，无分层现象，无变色现象。

（2）理化指标　水72.40%，蛋白质2.05%，脂肪0.72%，碳水化合物12.49%，灰分0.26%。

（3）微生物指标　细菌总数＜1000个/mL，大肠菌群＜30个/100mL，致病菌不得检出。

十七、虫草薏米糊

本产品是采用自天然虫草中分离纯化后的虫草菌种，经深层发酵培养，过滤干燥，得到的虫草菌丝体粉配伍经膨化的薏米、大米、熟化的面粉和芝麻、砂糖等制成具有保健功能的营养糊。

（一）原料配方

面粉40%，薏苡粉25%，大米粉19%，芝麻10%，砂糖5%，虫草粉1%，另外可添加适量香料。

（二）生产工艺流程

1. 虫草菌丝粉的制备工艺

菌种→试管培养→三角瓶扩培→液体深层培养→过滤→低温干燥→虫草菌丝体

2. 虫草薏米糊制备

烘干熟化的面粉↓

虫草菌丝体＋熟芝麻＋膨化薏米＋膨化大米等→配料→粉碎→混合→包装→成品

（三）操作要点

1. 菌种培养条件与方法

斜面培养基：葡萄糖30g、蛋白胨10g、酵母膏1g、无机盐1g（KH_2PO_4、$MgSO_4$等）、蛹酪素适量、琼脂20g、水1000mL、pH6.0～6.5；灭菌条件为121℃、25min。

试管菌种培养：于无菌条件下接种保藏菌种，放入恒温生化培养箱，于25～27℃培养5天，刚开始菌丝发红色，继续培养逐渐变白，菌边缘有淡蓝色，备用。

液体三角瓶培养基：葡萄糖30g、蛋白胨10g、酵母膏2g、KH_2PO_4 1g、$MgSO_4$ 0.5g、生长素适量、琼脂20g、水1000mL、pH6.0～6.5；灭菌条件为121℃、30min。

液体三角瓶摇床培养：500mL三角瓶，装液量200mL，无菌条件下接入试管种子，摇床转速180r/min，25～27℃培养4天。

2. 发酵设备及培养基的灭菌

空气过滤器及管道的灭菌，0.2MPa蒸汽灭菌45min；发酵罐空罐消毒，125℃灭菌30min；发酵罐实罐消毒，121℃灭菌30min，冷却至品温28℃接种。

3. 虫草菌丝体深层培养

培养基主要成分：酵母粉、玉米淀粉水解糖、蚕蛹粉、无机盐等，pH 值 6.5～7.0。种子罐水解糖适当稍加。

发酵罐装液量：70%。

培养温度：适宜温度在 23～27℃，以 25℃最佳。

通风比：50L 发酵罐 1∶(0.4～0.7)V/V · min，500L 发酵罐 1∶(0.2～0.6)V/V · min，培养前期，菌丝刚开始发育，呼吸强度较低，可采用较低的风量，随着培养时间的延长，菌体生长趋于旺盛，菌体浓度增加，同时呼吸强度增加，应逐渐加大通风比。发酵中期因发酵旺盛，产生大量泡沫，可适当添加少量消泡剂。同时注意发酵温度的控制。

搅拌转速：50L 发酵罐 280～320r/min，500L 发酵罐 180～200r/min 比较恰当。

发酵罐罐压：一般控制表压 0.05MPa 即可。

培养时间：50L 发酵罐 85～90h，500L 发酵罐 96～108h。发酵后期，培养基逐渐变清，发酵结束后，培养基基本澄清，发酵液菌球密度在 1600～2000 个/mL，菌球直径在 0.5～1.2mm，此时可以放罐。

4. 发酵液的过滤

发酵结束后，发酵液基本澄清，可采用不锈钢双联过滤器过滤，采用 300 目滤网内衬绒布，滤液可用于其他产品使用，滤出的菌丝体准备干燥。

5. 低温干燥

湿的菌丝体均匀涂在干燥网上，放入干燥箱中，风量控制在最大，品温控制在 60～65℃，干燥至水分在 8%以下。

6. 其他原料处理

（1）砂糖　选择干燥松散、洁白、有光泽、无明显黑点的砂糖，符合 GB 317—2006 白砂糖优级的规定。

（2）芝麻　选择颗粒饱满、无虫蛀、无砂石等杂质的芝麻，用水漂洗干净，去除漂在水表面的不饱满子粒，然后捞出，放入炒锅内，炒干，继续炒至用手捻芝麻有浓郁香味即可，凉凉后备用。

（3）薏苡　选择颗粒饱满、无虫蛀、无砂石等杂质的薏苡，调节薏苡水分，以利于膨化，物料水分控制在14%左右，螺杆转速控制在235～295r/min，机筒温度控制在120～140℃较为恰当。

（4）大米　选择颗粒饱满、无虫蛀、无砂石等杂质的大米，应符合GB 1354—2009标准一等品的规定，膨化后备用。

7. 配料粉碎

处理好的砂糖、大米、薏苡按配方要求配料，放入粉碎机粉碎至60目。

8. 面粉烘干熟化

采用级面粉厂生产的标准85粉，装入干燥盘内，装料厚度3cm左右，放到干燥车上，推入烘干机内干燥，干燥温度120～125℃，烘至面粉稍微发黄即可，一般需要6～8h，烘干的目的是将面粉的水分降低，此外主要使淀粉熟化，便于冲调食用。

9. 混合

烘干熟化的面粉和粉碎好的原料以及其他辅料按配方要求称量，放入混合机内，开动电机，混合10min，即可混匀。

10. 填充包装

采用自动粉剂包装机包装，调节包装容量20g/袋，可连续自动完成包装、计量、填充、封合、分切等操作过程，包装规格为小包装，每袋20g，每10小袋装一盒。

（四）成品质量指标

（1）感官指标　具有本品特有的香气；浅黄色至浅褐色，均匀一致，无杂质；干燥粉末状、无结块现象；以开水冲调即成均匀糊状物。

（2）理化指标　水分≤6.0%，D-甘露醇≥0.6g/100g，铜（以Cu计）≤2.5mg/kg，铅（以Pb计）≤0.5mg/kg，汞（以Hg计）≤0.1mg/kg。

(3) 微生物指标　细菌总数≤10000 个/g，大肠菌群≤60 个/100g，致病菌不得检出。

十八、麦胚糊

(一) 原料配方

熟小麦胚芽粉 40kg、砂糖粉 25kg、熟小麦淀粉 10kg、熟大豆油 10kg、熟芝麻 3kg、熟碎花生 2.5kg、香油 2kg。

(二) 生产工艺流程

小麦胚芽→焙炒→粉碎配料→搅拌混合→定量包装→成品

(三) 操作要点

(1) 小麦胚芽　选用糠少、麸皮少、无杂质、无霉变的小麦胚芽为原料。

(2) 焙炒　采用可调控温滚筒式电炒炉进行焙炒。要求小麦胚芽炒至深褐色、有麦香味、不焦不煳即可。

(3) 粉碎　采用锤片粉碎机，待炒熟的小麦胚芽冷却后，即可粉碎。粉碎机上有一个料斗，料斗下口处有一开孔。利用孔上的挡板控制进入粉碎机中的小麦胚芽量。粉碎机内一定要装一个内筛。使用时要适当用钢丝刷清理，防止筛眼堵塞。

(4) 配料　按配方中物料的配比，准确称取各种原料。

(5) 搅拌混合　先将小麦胚芽、砂糖粉、小麦淀粉、花生、芝麻投入混合机中，开机搅拌，待均匀后再加入大豆油、香油，再搅拌混合均匀。

(6) 定量包装　每一小塑料袋包袋 100g 麦胚糊，用开水冲开之后正好为一碗。每 10 袋为一个大包装纸箱。产品经包装后即为成品。

十九、即食米糊

（一）生产工艺流程

原料预处理→膨化→粉碎→配料→混合→筛粉→包装→成品

（二）操作要点

（1）原料预处理　除去大米中谷粒、稗子、沙、泥等杂质。将淮山药、薏米、莲子（去芯）、百合等粉碎成颗粒状，粒度直径要求在1～3mm之间，蔗糖先经粉碎过80目筛，在70℃烘1.5h，收集包装备用。

（2）膨化　把经精选后的大米分别和经粉碎成颗粒状的各种药用食物，按一定比例混合后放入膨化机中，在温度150～180℃间，压力980kPa下进行膨化处理。

（3）粉碎　分别把大米与各药用食物的膨化条放在容器中进行粗粉碎，然后放入粉碎机中，用直径0.5mm筛网进行细粉碎。

（4）配料及混合　分别在大米与各种药用食物的膨化细粉中加入蔗糖粉，放入搅拌机中搅拌均匀。

（5）筛粉、包装　将各种经搅拌混合后的粉料用60目筛网过筛，收集密封包装即成为各种产品。

第二节　果蔬糊加工技术

一、南瓜糊

（一）生产工艺流程

原料→清洗→去皮去瓤→磨碎捣泥→加糖→煮制→浓缩→装罐→封口→杀菌→冷却→成品

（二）操作要点

（1）原料预处理　选肉质厚、个大、老熟、纤维少的橙黄色品种，要求可溶性固形物含量在9%以上。利用清水进行清洗，然后用刀刮去外皮，取尽瓜瓤，切除蒂脐部分，用水充分洗涤。用打浆机将原料磨成粒状或泥浆，按原料总量1/4～1/3加水，加热煮熟成泥状或糊状。

（2）加糖、煮制、浓缩　按南瓜原料总量40%～50%加糖，放入双层锅，煮制浓缩至温度为103℃时，加入柠檬酸0.04%～0.05%及香草香精0.0003%（按原料计），当浓缩至固形物含量达57%～60%（温度为104～105℃）时收锅，含酸量0.5%以下。

（3）装罐、封口、杀菌、冷却　将上述浓缩后的物料趁热装罐、封口，然后在沸水中杀菌15～30min（按罐形大小而定），取出分段冷却。

（三）成品质量指标

南瓜糊色泽橙黄，组织黏稠而细腻，风味芳香，甜酸适度。

二、营养南瓜糊

（一）原料配方

南瓜82.5%、熟芝麻6%、莲子粒2%、蜂蜜3%、奶粉5%、蛋白糖0.3%、柠檬酸0.05%、苹果酸0.1%、增稠剂0.5%、食盐0.5%、山梨酸钾0.02%、味精0.1%。

（二）生产工艺流程

老熟南瓜→洗净→去皮、蒂→切分→去瓜瓤、籽→热烫→打浆→加料→调配→精磨→灌装→封口→杀菌→冷却→成品

（三）操作要点

（1）原料选择　应选用肉质呈橘黄色，九成熟以上的南瓜为原料。

（2）预处理　将选好的南瓜称量后，利用清水洗净，然后去皮、蒂，剖开后去除瓜瓤和瓜籽。用刀将南瓜切成10g左右的小块。

（3）热烫、打浆　将切分的南瓜块放入90℃左右的热水中，热烫20min，使南瓜肉组织完全软化。将软化后的南瓜送入打浆机中进行打浆。

（4）调配　按配方规定的量，将南瓜瓜浆、柠檬酸、食盐、蜂蜜、蛋白糖和增稠剂等加入调配缸中，搅拌均匀。

（5）精磨　将混合均匀的料液利用胶体磨进行精磨，消除浆中的气泡，以使浆液更均匀连续。

（6）灌装、封口　将浆液装入净重100g的耐高温玻璃瓶中，并立即封口。

（7）杀菌、冷却　灌装后的玻璃瓶，送入杀菌槽中利用沸水进行杀菌，时间为30min。然后进行冷却，采用分级冷却，第一阶段温度为70℃，冷却20min后转入第二阶段，第二阶段温度为40℃，冷却15min。

（四）成品质量指标

（1）感官指标　本产品色泽为橘黄色，酸甜可口，质地为黏稠状，内含芝麻、莲子，具有南瓜特有的香味。

（2）理化指标　可溶性固形物≥65%。

（3）微生物指标　细菌总数≤100个/g，大肠菌群≤30个/100g，致病菌不得检出。

三、南瓜、米、豆营养糊

（一）生产工艺流程

1. 基料制备的工艺流程

富碘黑大豆→灭酶→脱豆腥
↓
黑黏米、黑糯米、淮山、芡实等→混合调配→破碎→水分调整→挤压膨化→切条→粉碎→基料

2. 南瓜粉制备的工艺流程

南瓜→挑选→清洗→去皮→切丝→预处理→干制→粉碎→南瓜粉

3. 产品制备的工艺流程

基料、南瓜粉、添加剂→混合调配→粉碎→过筛→灭菌→包装→成品

（二）操作要点

（1）原料的挑选　黑黏米要求米粒细长，米心透明，米皮乌黑油亮。黑大豆选用青仁黑皮的富碘黑大豆。黑糯米选用新鲜的晚稻米。以上三种原料均要求新鲜、无霉变，并剔除砂石等杂质。南瓜选用肉厚、色黄、成熟者最佳。

（2）原料预处理　黑米、黑大豆要快速清洗，尽量减少色素的溶解损失，清洗后要烘干备用。黑大豆清洗烘干后要破碎，破碎成20～40目的颗粒，破碎后要经过120℃、40s的高温短时灭酶脱腥处理。南瓜要清洗、去皮、去瓤，切丝后采用0.1%的亚硫酸盐浸泡护色，并在沸水中热烫3～6min，使酶失活。

（3）原料水分调整　基料混合粉碎后，测定水分含量，若水分含量低于14%～18%，则要用喷雾加湿调和调湿，以达到最佳的膨化效果。调湿后的原料要堆积在一起，进行3～4h的均湿，使水分在原料内外渗透均匀。

（4）挤压膨化　调整膨化机的有关参数，使进料速度、螺杆转速、膨化温度等参数在适宜的范围内。

(5) 干制 南瓜烫后沥干水分，摆放在烤盘上或悬挂在烘房或干制机内进行干制，干燥温度为55～65℃，干制终点为水分含量达到5%左右。

(6) 粉碎过筛 上述各种原辅料均要进行粉碎，粉碎的成品细度要求80%通过80目筛。

(7) 灭菌 成品经过小包装后进行微波灭菌，根据具体情况调节控制微波处理时间，以确保杀菌效果。

(8) 配方 基料原料以黑黏米、黑糯米、黑大豆为主，薏米、淮山、芡实、麦芽等配料不超过20%，基料与南瓜粉的配比为(80～90)∶(20～10)。白砂糖含量控制在25%左右，其他食品添加剂适量。

(9) 成品包装 产品经混合调配粉碎后，应送入包装车间，抽样检验合格后迅速计量包装，先用小袋，每袋装量30g，包装材料为聚乙烯薄膜，封口后进行微波灭菌。灭菌后冷却至室温，然后装外包装袋，外包装袋要求防潮阻气，采用PET/铝箔/PE为材料。

(三) 成品质量指标

(1) 感官指标 淡黄色；粉状、干燥松散、无结块；具有南瓜天然芳香味；冲调性，分散均匀、糊状；细腻、滑爽、香甜可口。

(2) 理化指标 蛋白质14.12%，粗纤维7.63%，脂肪≥4%，碳水化合物≥50%，水分≤5%。

(3) 微生物指标 细菌总数≤100个/g、大肠菌群≤30个/100g，致病菌不得检出。

四、保健南瓜糊

(一) 原料配方

南瓜粉：黄豆粉＝7∶3、黄原胶0.2%、β-环糊精4%、木糖醇8%。

（二）生产工艺流程

黄豆→除杂→清洗→烘焙→粉碎→过筛
↓
南瓜→清洗→去皮、瓤→切片→漂烫→预磨→调配→细磨→真空干燥→粉碎→配料→包装→成品

（三）操作要点

（1）南瓜选择及预处理　选择充分成熟、无病虫害和霉烂变质的南瓜为原料。利用清水清洗南瓜表面的泥土，切开去皮、瓤和籽。

（2）切片与漂烫　将预处理后的南瓜用刀切成1～2mm的薄片，然后迅速放入沸水中漂烫5～6min捞出，在食物粉碎器中进行粉碎。

（3）预磨　南瓜通过食物粉碎器粉碎后已成为浆状，将其再通过胶体磨，使南瓜浆进一步糊化。

（4）调配　将黄原胶、β-环状糊精预糊化后，同木糖醇一起在搅拌条件下加入南瓜糊中。

（5）细磨　为使南瓜糊口感滑腻，添加成分均匀，需对南瓜糊进行均质处理。试验证明，在料糊温度45～48℃，均质压力为25～30MPa时，产品质量较好。

（6）真空干燥　将料糊均匀地平铺在料盘中，料糊厚度为2～3mm为宜。南瓜为热敏性物料，干燥过程中要严格控制温度，否则会产生焦煳味，影响产品的品质。干燥温度为65～72℃，干燥前期，温度可适当提高，真空度为0.08MPa，干燥时间为20～25h。

（7）粉碎　南瓜糊干燥后利用粉碎机将其粉碎，并通过100目筛进行筛分。

（8）黄豆烘焙与粉碎　黄豆经挑选、清洗后，放入鼓风干燥箱

内进行烘焙，温度保持在140℃，时间2.5～3h。熟化、增香后用粉碎机粉碎并过100目筛。

(9) 配料、包装　将南瓜粉与黄豆粉按配方的比例搅拌均匀，迅速包装即为成品。南瓜粉具有很强的吸湿性，应尽可能减少其裸露于空气中的时间。

(四) 成品质量指标

(1) 感官指标　糊化前呈均匀的粉末状，色泽金黄，无杂质；遇沸水糊化，无结块，色泽金黄，口感细腻滑润，具有南瓜和焙烤黄豆粉复合后特有的香气和滋味，无异味。

(2) 理化指标　水分≤6%，糊化时间≤60s，砷（以As计）≤0.5mg/kg，铅（以Pb计）≤1.0mg/kg，铜（以Cu计）≤8mg/kg。

(3) 微生物指标　细菌总数≤1000个/g，大肠菌群≤30个/100g，致病菌不得检出。

五、即食荸荠糊

(一) 生产工艺流程

　　　　　　　　　　大米　　　蔗糖
　　　　　　　　　　↓　　　　↓
荸荠→预处理→预煮→漂洗→干燥→配料→熟化→粉碎→过筛→包装→成品

(二) 操作要点

(1) 原料预处理　选用新鲜的荸荠，利用清水洗去表面的泥土，将荸荠削皮后切粒。

(2) 预煮、漂洗　将荸荠粒放入锅中进行预煮，一般预煮时间为20min，预煮后再进行漂洗8～10h，除去荸荠中所含的糖分及色素（荸荠中含有花黄素及无色花色素），以免在高温熟化时颜色变深。实际生产时，可根据荸荠品种含糖及色素的量，决定相应增加或减少漂洗时间。

(3) 干燥　把经预煮、漂洗后的荸荠粒，甩干后放入干燥箱中，在60～70℃干燥成干荸荠粒收集包装备用（或太阳晒干亦可）。

(4) 配料、熟化　把经处理后的干荸荠粒与大米按一定比例混合后，在温度为150～180℃、压力为980kPa进行熟化处理。

(5) 粉碎、过筛、包装　把经以上熟化处理的混合物料与蔗糖按1∶1（质量）混合后，放入粉碎机中进行粉碎，粉碎后过80目筛，收集包装即成产品。

（三）成品质量标准

(1) 感官指标　呈均匀的微黄色；松散细腻粉末状；味甜，有荸荠风味，不得有粗糙感觉和异味；在水中经搅拌能迅速成为糊状。

(2) 理化指标　水≤4%，蛋白质≤3.5%，脂肪≤1.5%，糖分≤53%，细度通过80目，砷（以As计）≤0.5mg/kg，铅（以Pb计）≤1.0mg/kg。

(3) 微生物指标　细菌总数≤30000个/g，大肠菌群≤90个/100g，致病菌不得检出。

第三节　豆类糊加工技术

一、海带绿豆营养糊

（一）生产工艺流程

海带的挑选及预处理→脱腥→清洗
↓
大米和绿豆的挑选及预处理→调湿→挤压膨化→烘干→磨粉→调配→包装→成品

（二）操作要点

（1）原辅料的挑选及预处理　选择无霉变虫蛀的新鲜大米，去麸，粉碎至0.95～1.63mm。选择无霉烂变质及虫蛀的绿豆，烘干后粉碎至0.95～1.63mm。海带浸泡清洗后，切成10cm×10cm的块状。选择一级白砂糖，粉碎至0.172～0.216mm糖粉待用。

（2）调湿　用自来水将大米、绿豆分别加水调湿，加水量为14%～20%。

（3）挤压膨化　采用挤压式单螺杆膨化机，将大米和绿豆膨化为原体积的10倍以上，工作温度保持在150℃。

（4）海带的脱腥和清洗　将处理过的海带块在0.1%盐酸和2%柠檬酸混合液中煮沸1h，再用清水洗去配液。

（5）烘干和磨粉　膨化后的大米和绿豆含水量在8%～10%，经远红外电烤炉烘干2～3min，使其水分含量降为5%以下，并磨碎成0.172～0.216mm的细粉；脱腥后的海带块也烘干8～10min，使其水分达至5%以下，磨碎成0.216mm细粉。

（6）调配　按下列配方进行调配，绿豆32%、大米20%、海带15%、其他辅料33%，经过调配后定量进行包装即为成品。

二、营养赤豆即食糊

（一）生产工艺流程

糯米→浸泡、过滤→糯米汁（↓混合调配）；百合粉、燕麦粉（↓调配）

红豆沙→混合调配→搅拌→干燥→粉碎→红豆沙粉→调配→包装→成品

（二）操作要点

（1）糯米汁制备　将糯米浸泡4h，然后放入锅中煮至软烂，锅中汁液浓稠时即可用单层纱布滤去糯米，留糯米汁，待用。

（2）红豆沙粉制备　红豆沙480g、糯米汁320g、白砂糖

100g，搅拌均匀。将调好口味的红豆沙倒入不锈钢浅盘，厚度不超过0.5cm，薄厚均匀，放入鼓风干燥箱内，恒温（70℃）烘干72h，待红豆沙表面完全干燥，用探针插入内部，感觉坚硬无黏稠感，干燥彻底后即可冷却，用小铲铲出干透的红豆沙，放入粉碎机内，粉碎成粉末状。

（3）调配　红豆沙粉、百合粉、燕麦粉按比例制成混合粉，充分混合均匀，然后对产品进行热封机包装即为成品。调配的具体比例为红豆沙粉∶百合粉∶燕麦粉＝8∶3∶5。

（三）成品质量指标

（1）感官指标　无结块、无杂质的粉末，微红褐色，口感细腻，微甜，有豆香味，无异常滋味和气味，冲泡后为均匀的红褐色糊，无肉眼可见的外来杂质。

（2）理化指标　水分≤3.0%，溶解度（称质量法）≥82.0%，速溶度（冲调性）≥78。

（3）微生物指标　细菌总数≤20000个/g，大肠菌群≤90个/100g，致病菌不得检出。

三、活性黄豆核桃仁婴儿即食糊

（一）原料配方

黄豆芽45%、核桃仁15%、大米20%、白糖粉17.5%、食盐混合物2.5%

（二）生产工艺流程

黄豆→挑选→预处理→浸泡→发芽→磨浆→分离除渣→黄豆芽乳液┐
核桃仁→挑选→去皮→护色→磨浆→分离→核桃仁乳液┼→
大米→浸泡→磨浆→大米乳液┘

加辅料→混合→杀菌→均质→浓缩→喷雾→冷却→包装→成品

（三）操作要点

（1）黄豆芽乳液的制备

① 挑选、预处理。挑选当年产成熟度高，最好为后熟期的，无霉变、无虫蛀，发芽率在95%以上的黄豆，为了改善种皮的透气性并促进黄豆早发芽，利用100～170℃热风预先处理30～40s。

② 浸泡。采用喷浸法进行，整个浸渍操作48h。具体操作是浸水4h，喷雾12h，反复进行；整个过程在水中浸渍12h，喷雾36h，通风10次，每次15min，浸渍结束时水温控制在8～10℃，最高不超过15℃，浸渍结束时黄豆含水量要求达45%～50%。

③ 发芽。把浸渍好的黄豆放入发芽室，保持发芽室相对湿度维持在85%以上，同时保持适当呼吸强度，使豆粒内部物质变化缓慢进行，溶解充分。发芽期间温度控制在8～10℃，每天喷水3～4次，时间3～4天，控制黄豆芽长2～3cm，发芽率在95%以上。整个发芽过程应避光。

④ 粗磨、除渣。按照黄豆芽与水质量比为1∶5的比例加水，用磨浆机磨碎，分离去渣，得黄豆芽乳液备用。

（2）核桃仁乳液的制备

① 挑选、去皮、护色。选取颗粒饱满，无霉烂变质、虫蛀、干燥的核桃仁。用0.4%硬脂酸钠和0.2%氢氧化钠溶液在95～100℃温度下浸泡10～20min。然后用大量清水漂洗，以去除核桃仁皮及异味，采用0.1%异抗坏血酸钠和0.1%柠檬酸护色。

② 磨浆、分离。将去皮经过护色处理的核桃仁加水，核桃仁与水的质量比为1∶8，用磨浆机磨碎，得核桃仁乳液备用。

（3）大米粉乳液的制备　将无杂质的优质大米在8～10℃水中浸泡10～12h，然后利用磨浆机进行磨浆，得大米粉乳液。

（4）混合　按照配方的比例将黄豆芽乳液、核桃仁乳液、大米乳液和辅料混合搅拌均匀。

（5）杀菌、均质、浓缩　将上述混合均匀的乳液在 85～90℃下保温 20min 杀菌，把乳液冷却至 60～70℃，在 0.35～0.40MPa 进行均质，使料液粒径达 1～2μm。再将均质乳液加热浓缩至水分含量 10%左右。

（6）喷雾、冷却、包装　将浓缩后的物料进行喷雾干燥，所得产品水分含量低于 3%。冷却至 15℃左右，进行真空包装。食用时加入即食糊 6～8 倍的热开水冲调并搅拌均匀即可食用。

（四）成品质量标准

（1）感官指标　淡黄色；具有黄豆芽的清香和核桃仁特有的香味；粉末状，用开水冲调后，口感细腻甜润。

（2）理化指标（每 100g 含量）　水分＜7g，蛋白质＞34g，脂肪＞21g，碳水化合物＞29g，粗纤维＞5g，铅、砷、黄曲霉毒素未检出。

（3）微生物指标　细菌总数 680 个/g，大肠菌群 10 个/100g，致病菌未检出。

四、红豆血粉营养糊

本产品是以明胶和蔗糖为壁材，用喷雾干燥法对猪血进行微胶囊化，再经混合调配制成的一种营养糊。

（一）生产工艺流程

红豆→烘烤→粉碎→红豆粉
↓
新鲜血液→抗凝固→酶法水解→混合→过胶体磨→喷雾干燥→血粉→调配→包装→成品

（二）操作要点

（1）抗凝固　在新鲜猪血中加入 1%柠檬酸钠。

（2）酶法水解 用碳酸钠调 pH 为 9～10，加入 0.1%碱性蛋白酶于血液中，30℃下水解 1h。

（3）壁材溶液的配制 壁材（明胶、蔗糖各占 50%）100g、水 1000mL，加热溶解，冷却至室温。

（4）混合 加入 0.1%β-环糊精、0.1%乙酸乙酯、0.1%异抗坏血酸钠、0.1%司盘 80、20%壁材于血液中，混合。

（5）过胶体磨 将混合后的血液过胶体磨 3 次。

（6）喷雾干燥 在进料温度为室温，进风口温度为 150℃、出风口温度 85℃，对过胶体磨的血液进行喷雾干燥。

（7）红豆预处理 将红豆进行清杂处理，在 160℃下烘烤 40min，粉碎，过 80 目筛，得红豆粉。

（8）调配、包装 按红豆粉 65%、血粉 15%、麦芽糊精 19.8%、蛋白糖 0.2%的比例进行混合调配。包装可采用真空软包装，每袋 50g。

（三）成品质量标准

（1）感官指标 棕红色；具有焙烤红豆的烤香味，无腥味；粉末均匀一致。

（2）理化指标 水分≤5%，蛋白质≥15%，铁 15～18mg/100g，铅（以 Pb 计）≤0.5mg/kg，砷（以 As 计）≤0.5mg/kg，铜（以 Cu 计）≤5mg/kg。

（3）微生物指标 细菌总数＜1000 个/g，大肠菌群＜30 个/100g，致病菌不得检出。

五、即食白银豆复合糊

（一）生产工艺流程

新鲜白银豆→挑选→烫漂→冷却→烘干→超微粉碎→配料混合均匀→称量→包装→成品

（二）操作要点

（1）白银豆选择　选用当年收获的白银豆，剔除霉烂豆，要求颗粒饱满、完全成熟。

（2）烫漂　将挑选的白银豆放入约95℃的热水中进行烫漂7～8min，取出进行沥干和冷却。

（3）烘干　将冷却后的白银豆放入干燥箱中干燥，烘箱温度为60～65℃，烘干时间为5h，烘至水分含量小于8%以下，烘干过程中要将原料翻动1～2次。

（4）超微粉碎　将烘干后的白银豆放入旋涡式粉碎机中进行超微粉碎。

（5）配料混合　按配方以100g计算，具体各种配料的配比为白银豆粉55g、熟化大米粉15g、白糖粉11g、葡萄糖5g、植脂末4g、大豆粉10g。将各种配料放入拌料机中混合均匀，应注意控制混合机的速度与混合时间，以便使物料充分混合均匀。

（6）称量、包装　将混合好的配料进行定量包装即为成品。

（三）成品质量标准

（1）感官指标　淡黄色，均匀一致；呈粉状，干燥松散，无结块，无霉变；细腻适口，甜度适中；冲调能迅速成糊状。

（2）理化指标　水分≤8%，铅（以Pb计）≤2.0mg/kg，砷（以As计）≤1.0mg/kg，食品添加剂按GB 2760—2014的规定执行。

（3）微生物指标　细菌总数≤30000个/g，大肠菌群≤90个/100g，致病菌不得检出。

六、黑豆营养糊

（一）生产工艺流程

黑黏米、黑糯米、淮山、芡实等
↓
富碘黑大豆→灭酶→脱腥→混合调配→破碎→水分调整→挤压膨化→粉碎→过筛→包装→灭菌→成品

（二）操作要点

（1）原料选择及用量　黑黏米要求米粒细长，米心透明，米皮乌黑油亮。黑大豆选用青仁黑皮的富碘黑大豆。黑糯米选用新鲜的晚稻米。选择原料要求新鲜、无霉变，并剔除砂石等杂质。

原料以黑黏米、黑糯米、黑大豆为主，薏米、淮山、芡实、麦芽等配料不超过 20%，白砂糖含量控制在 25%左右，其他食品添加剂适量。

（2）原料预处理　黑米、黑大豆要快速清洗，尽量减少色素的溶解损失，清洗后要烘干备用。黑大豆清洗烘干后要破碎，破碎成 20～40 目的颗粒，破碎后要经过 120℃、40s 的高温短时灭酶脱腥处理。

（3）混合调配、原料水分调整　按照配方的要求将各种原料进行混合，混合后进行粉碎并测定水分含量，若水分含量低于14%～18%，则要用喷雾加湿调和调湿，以达到最佳的膨化效果。调湿后的原料要堆积在一起，进行 3～4h 的均湿，使水分在原料内外渗透均匀。

（4）挤压膨化　调整膨化机的有关参数，使进料速度、螺杆转速、膨化温度等参数在适宜的范围内将物料进行膨化处理。

（5）粉碎、过筛　上述各种原辅料均要进行粉碎，粉碎的成品细度要求 80%通过 80 目筛。

（6）包装　产品经粉碎过筛后，应送入包装车间，抽样检验，合格后迅速计量包装，先用小袋，每袋装量30g，包装材料为聚乙烯薄膜，封口后进行微波灭菌。

（7）灭菌　成品经过小包装后进行微波灭菌，根据具体情况调节控制微波处理时间，以确保杀菌效果。灭菌后冷却至室温，然后装外包装袋，包装袋要求防潮阻气，采用PET/铝箔/PE为材料。产品经包装后即为成品。

第四节　其他糊类加工技术

一、混合型莲子糊

（一）原料配方

莲子50%、奶粉4%、蛋黄粉1%、芝麻5%、大豆粉20%、面粉5%、蔗糖15%、强化剂适量。

（二）生产工艺流程

莲子→破碎→膨化→粉碎→过筛→配料（辅料、强化剂）→搅拌→计量→包装→成品

（三）操作要点

（1）莲子处理　选择外观洁白，无虫蛀、无霉变，并捅去莲心的湘潭白莲，适度破碎，投入谷物膨化机中进行膨化。

（2）大豆处理　选用优质大豆，去除草梗、石块、灰尘等杂物，然后投入多功能大豆脱皮机破碎，风筛去皮，再投入谷物膨化机中进行膨化。

（3）芝麻和面粉的处理　用烘箱约150℃烘烤20～30min，使之烘熟并产生香味。

（4）蛋黄粉制取　将蛋黄放在烘箱中烘干（蛋白另作其他加工

之用）。

（5）粉碎、过筛　将膨化后的莲子、大豆、熟芝麻、白砂糖分别倒入粉碎机内粉碎。各种强化剂混合后粉碎。将粉碎后的各种物料分别经 80 目筛过筛。

（6）配料、搅拌　将各种物料按比例配料，然后将配好的料投入搅拌机中充分搅拌均匀，即为产品。

（7）成品包装　产品及时送入包装车间，抽样检验，合格后迅速计量包装，采用塑料薄膜袋，每袋 25g，10 小袋为一纸盒，并外加玻璃纸封包，打印生产日期。

（四）成品质量标准

（1）感官指标　淡黄色；粉末状，无块状；香甜可口，具有莲子的清香味，略带豆香和芝麻香。

（2）理化指标　蛋白质 19.3g/100g，钙 217mg/100g，脂肪 8.7g/100g，磷 298mg/100g，碳水化合物 63.2g/100g，水分≤3g/100g，铁 12.2mg/100g，锌 2mg/100g，L-赖氨酸≥20mg/100g，维生素 C≥40mg/100g，维生素 P≥250IU/100g，维生素 B_1≥0.7mg/100g，维生素 B_2≥0.7mg/100g，维生素 E≥8mg/100g。

（3）微生物指标　细菌总数＜1000 个/g，大肠菌群＜30 个/100g，致病菌不得检出。

二、即食甘薯糊

（一）生产工艺流程

甘薯→挑选→清洗→去皮→漂洗→切块→预热→蒸煮→磨浆→调配→干燥→粉碎→成品

（二）操作要点

（1）原料挑选　选用质地紧密，无创伤、无腐烂，块形齐整的甘薯。

（2）清洗　用流水漂洗数次，洗去附着在表面的泥沙等杂物。

（3）去皮　采用碱液去皮，将洗净的甘薯置于95℃10%的NaOH溶液中加热5min，然后水冲去皮，最后将碱液冲洗干净。

（4）切块　将去皮后的甘薯用不锈钢刀切成10cm见方的小块。

（5）预热　为使甘薯自身淀粉酶降解淀粉，以便改善产品的口感，将切好的甘薯块放入70℃的水中加热处理30min。

（6）蒸煮　将预煮后的薯块放入蒸锅中蒸煮30min，要求蒸透、无硬心。

（7）磨浆　将上述蒸煮后的干薯块利用打浆机打成浆状。

（8）调配　在甘薯浆中添加12%的糖粉、适量的增香剂，搅拌使之充分混合均匀。

（9）干燥、粉碎　将混合均匀的浆液在80℃左右的温度条件下进行干燥，然后将其破碎成细小碎片即可。

（三）成品质量标准

（1）感官指标　淡黄色或白色（以甘薯品种而定）；小片状颗粒；香甜适口，细腻。

（2）理化指标　水分≤5%，砷（以As计）≤0.5mg/kg，铅（以Pb计）≤1.0mg/kg，铜（以Cu计）≤10mg/kg。

（3）微生物指标　细菌总数≤3000个/g，大肠菌群≤30个/100g，致病菌不得检出。

三、即食甘薯复合糊

（一）生产工艺流程

甘薯→挑选→清洗→去皮→护色→切分或刨丝→烫漂→冷却→烘干→超微粉碎→配料混合均匀→称量→包装→成品

（二）操作要点

（1）原料选择　选用当年收获的甘薯，要求质硬、肥大，无霉烂发芽现象。

（2）去皮　用清水洗净红薯表面泥沙，用刀除去甘薯两端，削去表面薯皮或采用机械摩擦去皮方式。

（3）护色　将清洗的甘薯放入配置好的0.1%柠檬酸溶液中进行护色，护色液漫过甘薯即可。

（4）切分或刨丝　将护色好的甘薯原料送入切片机或刨丝机中进行切片或刨丝，厚度1～2mm之间。

（5）烫漂　将切片或刨丝后的甘薯放入约95℃的温水中烫漂5～6min后放入冷水中冷却。

（6）烘干　将冷却后的甘薯丝或片放入干燥箱中干燥，烘至水分含量小于8%以下。

（7）超微粉碎　将烘干后的甘薯片或甘薯丝放入旋涡式粉碎机中进行粉碎。

（8）配料混合　按配方以100g计算，甘薯粉60g、熟化大米粉10g、白糖粉15g、葡萄糖5g、植脂末5g、大豆粉5g。几种配料放入拌料机中混合均匀，应注意控制混合机的速度与混合时间，以便使物料充分混匀。

（9）称量、包装　将混合好的配料进行定量包装。

（三）成品质量指标

（1）感官指标　淡黄色，均匀一致；呈粉状，干燥松散，无结块，无霉变；细腻适口，甜度适中；冲调能迅速成糊状。

（2）理化指标　水分≤10%，蛋白质≥5.0%，砷（以As计）≤1.0mg/kg，铅（以Pb计）≤2.0mg/kg，食品添加剂按GB 2760—2014的规定执行。

（3）微生物指标　菌落总数≤30000个/g，大肠菌群≤70个/

100g，致病菌不得检出。

四、甘薯即食方便糊

（一）原料配方

紫肉甘薯即食方便糊配方有两个，一是紫薯粉55%、橙粉10%、玉米粉20%、糖粉15%；二是紫薯粉65%、青梅粉10%、玉米粉15%、糖粉10%。

黄肉甘薯即食方便糊配方：北京553甘薯粉70%、橙粉10%、玉米粉10%、糖粉10%。

红肉甘薯即食方便糊配方：徐薯23号甘薯粉70%、橙粉10%、玉米粉10%、糖粉10%。

（二）生产工艺流程

甘薯原料预处理→切片→熟制→干燥→粉碎→过筛→调配→制浆→喷雾干燥→包装→成品

（三）操作要点

（1）预处理　分别从三个甘薯品种（紫薯王——紫肉、徐薯23——红肉、北京553——黄肉）中选择无腐烂、无病斑、无发芽的新鲜薯块，清洗干净后，去掉薯块两端干硬部分及侧根等。

（2）切片、熟制　将甘薯切成0.2～0.4cm的薄片，放置于蒸锅上大火蒸8min。

（3）干燥　甘薯片蒸后，取出采用真空冷冻干燥的方法对样品进行干燥处理。

（4）粉碎、筛理　将干燥后的干薯片利用粉碎机和福斯磨粉碎，用80目筛对粉碎后的样品进行筛理。

（5）调配、制浆、喷雾干燥　按照甘薯即食方便糊的配方设计将原辅料进行混合，然后将不同配方的粉剂加水制成浆液，分别喷雾干燥即得成品。

五、紫甘薯复合糊

（一）生产工艺流程

新鲜紫薯预处理→蒸煮→去皮→切片或捣碎→装盘→烘烤→干燥→粉碎过筛→调配→检验→包装→成品

（二）操作要点

（1）原料的选择与预处理　选择表面光滑、无病虫害、无腐烂的新鲜紫薯，用清水洗去表面泥沙，用不锈钢刀除去不可食用部分待用。

（2）蒸煮　将处理好的原料立即放入烧开水的蒸锅内用蒸汽进行高温蒸煮，避免原料的断面与空气接触时间过长，花青素被空气中的氧气氧化而导致断面的紫色变浅或消失。蒸煮时间大约为15min，可根据薯块具体大小增减时间，以薯块煮熟煮软为止。然后关火，将薯块捞出在室温下凉凉。

（3）去皮　将凉凉的薯块进行去皮，可采用手工去皮的方法。

（4）切片或捣碎　去皮后的薯块若硬度比较大且易成型，可切成2～3mm厚的薯片备用。若薯块硬度比较小且难成型，可直接捣碎成组织均匀、无明显颗粒的薯泥备用。因为在蒸煮过程中薯块大小各异，很难达到统一的熟软度，为了充分利用原料减少浪费可选择性采用以上方法。但因切片烘烤出的薯片磨成粉后香味浓一些，颜色深一些，要尽量采用切片烘烤的方法，以提高成品质量。

（5）装盘　将切好的薯片铺放在烤盘上，为避免薯片烤熟后粘在烤盘上不易揭下，可事先在烤盘上涂一层薄的植物油。薯泥也平铺在烤盘内，厚度0.3～1cm不等，为避免薯泥烤熟后不易揭下来，可预先在烤盘上涂一层植物油或铺上一层纱布，可减少原料损失率。

（6）烘烤　将装盘好的薯片或薯泥放入烤箱内，在140～150℃下烘烤1.5～2h，要根据薯片或薯泥的厚度适当调整烘烤温度和时间，烤至薯片或薯泥表层变硬，散发出烤紫薯特有的诱人香味即可，防止烘烤过度出现焦煳味。在烘烤过程进行一半时可将薯片或薯泥翻过来对另一面进行烘烤，这样可有效防止薯片或薯泥粘在烤盘上。

（7）干燥　将烤好的薯片或薯泥放入干燥箱内，在50～60℃下干燥10～12h，可根据具体情况在此数值上增减，以干燥至薯片或薯泥变脆变硬，适合粉碎为准。在干燥过程中可对薯片或薯泥翻面，加速水分蒸发，提高干燥速度。

（8）粉碎过筛　将干燥好的薯片或薯泥利用小型粉碎机进行粉碎，收集粉碎好的粉状固体，进行过70目筛，并装入对应的容器内，并进行密封保存，防止吸湿返潮。

（9）调配、检验、包装　按紫薯粉100g，加入40g糖（白砂糖：葡萄糖=1：1），再加入40g花生仁粉，将上述原料充分混合均匀后，经过检验合格、包装即为成品。食用时用90℃的纯净水进行冲调即可食用。

（三）成品感官质量标准

鲜艳的玫瑰紫色，组织均匀细腻，无其他杂质，花生仁颗粒分散均匀给人以颗粒感，散发烤紫薯特有的诱人香气和花生的浓郁香气，用适当的温水冲调搅拌均匀后香气更加浓厚，无凝块，浓稠爽滑，香甜适口，色泽诱人。

六、甘薯葛根复合糊

（一）原料配方

甘薯超微粉100g，葛根粉50g，大豆粉8g，白糖粉35g，植脂末8g。

（二）生产工艺流程

甘薯→清洗→去皮→切块→护色→烫漂→冷却→干燥→粉碎→甘薯全粉→超微粉碎→配比混合→包装→成品

（三）操作要点

(1) 原料选择　选用新鲜甘薯。收购装运过程做到通风透气，产地到加工运输时间掌握在10d内。原料要求新鲜良好，薯块大小均匀、光滑，无病虫害、无霉烂发芽现象。原料运输途中必须用编织袋包装，尽量避免原料在装袋、运输过程中出现破皮现象。

(2) 清洗去皮　利用清水洗净甘薯表面泥沙，用刀除去甘薯两端，削去表面薯皮或采用机械摩擦去皮方式。

(3) 切块、护色　将去皮后的甘薯用不锈钢刀进行切块，厚度1～2mm之间。然后将其放入柠檬酸质量分数0.2%、植酸质量分数0.1%的复合护色液中护色处理2.5h，要求护色液漫过甘薯块即可。

(4) 烫漂及冷却　经切块护色后的甘薯放入95℃左右的温水中烫漂2～3min，然后取出放入冷水中冷却。

(5) 干燥　将冷却后的甘薯块放入烤房干燥，烘至水分质量分数6%～8%。烤房干燥条件选择为三段式干燥10h。

(6) 粉碎　将干燥后的甘薯块放入多用粉碎机中进行粉碎，得甘薯全粉。

(7) 超微粉碎　将粉碎好的甘薯全粉放入超微粉碎机中进行超微粉碎。

(8) 配比混合、包装　按照配方比例将甘薯粉、葛根粉、白糖粉、植脂末、大豆粉等几种配料放入全自动拌料机中混合均匀，应注意控制混合机的速度与混合时间，以便使物料充分混匀。各种原辅料混合均匀后经包装即为成品。

（四）成品质量标准

（1）感官指标　半透明黏胶状，稠度均匀，色泽均匀呈微红玉色，有光泽；具有甘薯、葛根天然复合香气和滋味，爽口润滑、不涩口，不得有异味。

（2）理化指标（均以质量分数计）　水分≤12.0%，总糖（以葡萄糖计）≤50.0%，淀粉（以葡萄糖计）≥40.0%，蛋白质≥2.5%。黄曲霉毒素 B_1（质量分数）≤5μg/kg，铅（以 Pb 计）≤0.2mg/kg，无机砷（以 As 计）≤0.2mg/kg，汞（以 Hg 计）≤0.02mg/kg，铬（以 Cr 计）≤1.0mg/kg，二氧化硫残留量（以 SO_2 计）≤30.0mg/kg。

（3）微生物指标　菌落总数≤10000 个/g，大肠菌群≤40 个/100g，霉菌≤50 个/g，致病菌（指肠道致病菌和致病性球菌）不得检出。

七、葛粉即食糊

（一）原料配方

葛粉 40%、玉米淀粉 50%、白糖粉 10%。

（二）生产工艺流程

葛根→粉碎→浸泡→水煎煮→煎煮液→过滤→提取液→减压浓缩至干→葛粉＋玉米淀粉→混合→挤压膨化→冷却→粉碎→过筛→包装→成品

（三）操作要点

（1）葛粉制备　葛根洗净粉碎后，用 10 倍量的水浸泡 0.5～1h，然后煎煮 1～2h，过滤出残渣后的煎煮液用柠檬酸调节 pH 值为 6.5～7.0，搅拌至均匀后过滤，滤液减压浓缩至干燥，即得固体粗品。

（2）混合、挤压膨化　按配方的比例将葛粉和玉米淀粉进行混合，然后进行膨化。原料膨化之前应充分搅拌均匀并严格控制物料的含水量在15%左右，膨化时要求控制温度恒定，进料速度恒定，以获得均一、良好的产品。膨化的最佳工艺条件，温度180～210℃、压力0.98～1.18MPa。

（3）冷却、粉碎、过筛、包装　膨化后的物料冷却后，经粉碎过80目筛，与相同细度的糖粉混合搅拌均匀，经无菌包装即为成品。

（四）成品质量标准

（1）感官指标　颗粒均匀、蓬松、完整，具有玉米的芳香及葛粉的清香，香甜适口。

（2）微生物指标　细菌总数＜100个/g，大肠菌群＜3个/100g，致病菌不得检出。

八、银杏糊Ⅰ

（一）生产工艺流程

银杏挑选→煮沸→脱壳→脱衣→护色→去心→打浆→磨浆→均质→干燥→粉碎→过筛→调配→包装

（二）操作要点

（1）银杏挑选、煮沸　挑选表面纯白光滑、颗粒饱满、大小一致的银杏果。用水选法去除上浮的霉烂粒、空粒和杂物。将银杏果用沸水煮约20min。

（2）脱壳　将银杏果轻轻敲裂，去壳不去衣，此操作也可以采用脱壳机进行脱壳。

（3）脱衣　将脱壳后带衣的银杏果放入0.2%的氢氧化钠溶液

中，在80℃的温度下搅拌加热3min，将银杏果捞出后反复用水冲洗即可除去银杏果内衣。

(4) 护色　将脱衣后的银杏果用0.2%的柠檬酸或1%食盐溶液护色，以防褐变。

(5) 切块、去心　由于银杏果心含有氢氰酸并具有苦味，所以要用刀切开将其去除。

(6) 打浆　用打浆杯将银杏块进行打浆，加水量为银杏果体积的3～5倍。

(7) 均质、干燥　将上述得到的浆液在压力为18MPa以上进行均质处理，然后进行干燥，先用热风干燥6h，待其含水量降到20%左右后，用微波间歇干燥4min即可达到要求。

(8) 粉碎、过筛　将干燥的原料进行粉碎，并过80目筛，得银杏果粉。

(9) 调配、包装　按照银杏果粉40%、膨化米粉40%、奶粉10%、砂糖10%的比例充分混匀，将调配好的银杏糊按40g/包的量进行包装、密封即为成品。

(三) 成品质量标准

(1) 感官指标　黄色；具有银杏的独特风味，无异味；颗粒度≥80目，颗粒均匀，无结块；溶解时间，搅拌不超过60s，静置不超过80s。

(2) 理化指标　蛋白质12%，总糖15%，水分5%。

(3) 微生物指标　细菌总数≤1000个/g，大肠菌群≤30个/100g，致病菌不得检出。

九、银杏糊Ⅱ

(一) 原料配方

白果膨化粉35%、膨化大米粉16%、白糖15%、麦芽糊精

8%、乙基麦芽酚等风味物质5%、盐少许，其余为纯净水。

（二）生产工艺流程

银杏（已脱壳）→挑选→脱衣→去心→破碎→烘干→膨化→打粉→调配→包装→成品

（三）操作要点

（1）银杏挑选 选取颗粒饱满、表面光滑、无霉烂变质的银杏，利用清水漂洗。

（2）脱衣 将银杏先用0.2%的碱溶液浸泡，然后将衣剥离。

（3）去心 白果心含有氢氰酸，并且味苦，所以要用刀切开将其去除。

（4）破碎 将去心白果烘干到一定硬度后破碎成粒。

（5）烘干 调整烘箱温度70℃，将白果粒烘干至含水量至8%左右。

（6）膨化 将银杏果粒和其他辅料一起膨化，得到乳黄色的膨化物。

（7）打粉 将上述膨化物利用破碎机粉碎，经过80目筛网过筛。

（8）配料、包装 按照配方要求将膨化粉和其他一起混合，调制风味并包装，包装后即为成品。

（四）成品质量标准

（1）感官指标 乳黄色，有光泽、均匀；具有银杏的独特香味；颗粒均匀细腻；冲调性好，搅拌起糊均匀无结块。

（2）理化指标 蛋白质≥15%，总糖≥15%，水分≤7%。

（3）微生物指标 细菌总数≤1000个/g，大肠菌群30个/100g，致病菌不得检出。

十、方便营养食品糊

（一）原料配方

花生15.3%、面粉26.9%、板栗7.8%、小米面7.8%、红小豆3.8%、黄豆3.8%、葵花子3.8%、胡萝卜粉3.8%、红果粉7.8%、白砂糖19.2%。

（二）生产工艺流程

各种原辅料处理→混合调配→粉碎→过筛→包装→成品

（三）操作要点

（1）各种原辅料处理　主要是将各种原辅料进行烘烤处理。各种原料必须经过高温烘烤处理，在烘烤过程中原料可以被熟化，同时还可以产生各种香味物质，烘烤温度和时间是决定各种配料性质的重要因素，直接关系到产品的品质。各种原辅料最佳的烘烤条件为，花生160℃、20min，板栗、小米、红小豆、黄豆、葵花子160℃、30min，面粉160℃、40min。

（2）混合调配、粉碎、过筛　烘烤后的各种原料在调配前应先分别粉碎，制成各种配料。花生和葵花子的脂肪含量高，过度粉碎会导致配料呈油团状，不利于调配，因此，应先破碎成直径为5mm左右的颗粒。所有配料调和好后，再进行深度粉碎，以保证物料均匀细致，粉碎后物料过70目筛，使产品口感细腻。

（3）包装　选择阻隔性好的PVDC/PE复合包装材料或金属罐进行包装，以避免产品吸潮和油脂氧化，若采用真容包装效果更好。

（四）成品质量标准

（1）感官指标　色泽呈黄色，均匀一致，为干燥均匀的粉末状，无析油现象，用开水冲调后，呈均匀糊状无沉淀，无结块，具有典型的谷物、花生、板栗等焙烤后的复合香味，酸甜适口，无苦味及其他异味，口感细腻。

（2）理化指标　水分≤3%，蛋白质11.7%，脂肪10.8%，碳水化合物70.9%，（其中蔗糖26%），胡萝卜素0.24mg/100g，维生素B_2 0.08mg/100g，维生素E 8.36mg/100g，铅（以Pb计）≤0.5mg/kg，砷（以As计）≤0.5mg/kg，铜（以Cu计）≤5.0mg/kg。

（3）微生物指标　细菌总数≤1000个/g，大肠菌群≤30个/100g，致病菌不得检出。

十一、黑芝麻糊Ⅰ

本产品为细粉末状，无结块，无蔗糖砂粒，用开水冲调后即为糊状，滋味香甜。

（一）原料配方

黑芝麻15kg、蔗糖粉30kg、核桃仁2.5kg、花生仁2.5kg、大米50kg。

（二）生产工艺流程

大米→膨化（↓粉碎）　蔗糖粉（↓混合搅拌）

黑芝麻、核桃仁、花生仁→烘烤→粉碎→混合搅拌→过筛→计量→包装→成品

（三）操作要点

（1）原料烘烤　将黑芝麻、核桃仁、花生仁在烤箱中烤熟，烘烤时要掌握火候适当，否则会影响产品滋味，烘烤温度一般在100～120℃为宜，不可有焦煳现象。应注意的是，花生仁烤熟后要去掉红衣，核核仁烘烤前要在沸水中漂一下，以去除涩味。

（2）大米膨化　将大米送入膨化机中进行膨化。

（3）粉碎　将膨化后的大米与烤熟后的原料一起粉碎。

（4）混合搅拌、过筛、计量　将原料按配方放进搅拌机中混合均匀，过80目筛，再适当搅拌，计量包装。应注意的是过筛后的成品要及时包装，不能过夜，包装室在包装前要进行紫外线杀菌40min。

十二、黑芝麻糊Ⅱ

（一）原料配方

基料配方：面粉100kg、水125kg、蔗糖25kg。

黑芝麻配料：蔗糖100kg、黑芝麻粉38kg、瓜尔豆胶5.4kg、盐0.38kg、香兰素0.23kg、色素少量。

（二）生产工艺流程

基料、辅料（↓配料）

芝麻→筛选→淘洗→晾晒→烘炒→冷却→粉碎→芝麻粉→配料→混合→搅拌→计量→包装→成品

（三）操作要点

（1）原料选择　黑芝麻应选用质地良好、无霉烂变质、色泽正常的原料。其他原辅料均应符合相应的国家标准。

（2）筛选、烘炒　清除芝麻中的杂物，如泥沙、杂草籽等及不成熟芝麻子。利用旋转滚筒式电加热烘炒机于130℃下烘炒约20min，使芝麻烘熟产生香味。烘炒温度不宜过高，否则会造成芝麻外焦内不熟，有焦味，且不易粉碎，易出油结块，使产品在冲泡时成团成块。

（3）粉碎　采用滚筒式二级粉碎机，一级粉碎时，滚筒间距为0.3mm，二级粉碎时，滚筒间距为0.2mm，间距过大，使芝麻粉过粗，则产品口感粗糙；间距过小，芝麻粉细，虽口感好，但芝麻易出油，香味散失快。

(4) 烘干　用滚筒式干燥机于压强为0.69MPa、温度为165～170℃、转速为180～240r/s下挤压烘干成片，厚约0.2mm。

(5) 混合配料、计量包装　按照配方的要求将各种原辅料充分混合均匀，然后计量进行包装后即为成品。

(四) 成品质量标准

(1) 感官指标　浅黑色，加沸水冲调后呈亮黑色；粉末状，无团无块；口感柔滑、香甜可口。

(2) 理化指标　蛋白质≥10g/100g，脂肪≥2g/100g，铁≥4mg/100g，磷≥100mg/100g，符合规定的净重350g，每袋允许误差±1%。

(3) 微生物指标　细菌总数≤1000个/g，大肠菌群≤30个/100g，致病菌不得检出。

十三、营养黑芝麻糊

(一) 原料配方

黑芝麻20g，大米20g，白砂糖20g，花生仁5g，面粉5g，单甘酯质量分数0.4%，CMC-Na质量分数1.0%。

(二) 生产工艺流程

黑芝麻→筛选→淘洗→烘干→炒制→冷却┐
花生仁→筛选→炒制→去红衣┼→混合→
面料→炒制→过筛┘

粉碎→过筛→计量包装→成品

（三）操作要点

（1）选料　选择饱满的黑芝麻，除去杂质，用清水淘洗干净（3～4次），然后在鼓风干燥箱中烘干，烘制温度75～85℃，时间14～16h。选择无霉变子粒饱满的花生。

（2）烘炒　芝麻炒前经过认真清理除杂，水洗后适当晾干，以防炒时粘锅出现翻料不匀而焦煳。炒烤温度140～160℃，用文火慢炒。翻炒15～20min至芝麻内部白色变成深黄色，出现香味为度。芝麻出锅后应迅速冷却，使温度骤降。

花生炒烤时温度应控制在180～200℃。不断翻动物料使其受热均匀，时间掌握在20～40min。花生炒至仁内微黄，有炒花生的香味，稍放凉后去掉花生红衣。

面粉炒制后香味更浓，且具有增稠增香的作用。在炒制过程中不断翻搅面粉，特别注意底部及四周与壁接触部分的翻起，避免焦煳现象。炒烤温度最好为150～170℃、40～60min完成，使面粉呈微黄色，无生面味，水分含量降至3%以下。

（3）大米膨化　将大米放入膨化机中膨化，以产品膨松为宜。

（4）称量、粉碎、过筛　将各种原料按配方的比例称量后，混合，粉碎，过80目筛，

（5）包装　将粉碎过筛后的产品按量包装即为成品。

十四、即食板栗糊

（一）生产工艺流程

原料挑选→烘烤→剥壳→除内皮→粉碎→膨化→配料→磨粉→过筛→包装→成品

（二）操作要点

（1）原料选择　选取新鲜饱满、无病虫害、无霉烂的板栗。

（2）烘烤、剥壳　将板栗放入烘箱中，在150℃左右温度下进行烘烤，让板栗通过受热皮壳自然爆裂，然后将板栗壳去除。

（3）除内衣　先在夹层锅中放入适量水，加入0.1%的NaOH溶液，加热升温至80℃，然后将去壳板栗投入其中烫3～5min，捞起剥除内皮，再用干净水漂洗，再放入烘箱中烤干。

（4）粉碎　将干栗肉放入磨碎机中粉碎成2mm大小的颗粒。

（5）膨化　将板栗放入连续膨化机中，升温至400～500℃，膨化4～5min，使板栗粒糊化（α化）达80%以上，外观呈大花状。

（6）配料、磨粉、过筛　将膨化后的物料与蔗糖、品质改良剂按照一定的比例混匀后进行磨粉，然后过80目筛，收集筛下物。

（7）包装　将收集的细粉先装入20g小袋，封口，再装入聚乙烯袋中，装足10小袋，热合封口，经检验合格者即为成品。

（三）成品质量标准

（1）感官指标　淡黄色；松散粉状；冲调后甜度适口、细腻爽口，有板栗香气。

（2）理化指标　水分≤4%，蛋白质≥6.2%，糖分≤50%。

（3）微生物指标　细菌总数≤30000个/g，大肠菌群≤70个/100g，致病菌不得检出。

十五、花生粕复合营养糊

（一）原料配方

花生粕44%、黑豆粉10%、红枣20%、黑芝麻5%、全脂奶粉5%、白砂糖16%。

（二）生产工艺流程

黑豆→烘烤→粉碎、过筛＋黑芝麻、白砂糖、全脂奶粉
↓
花生粕→加热、灭酶→粉碎、过筛→混合调配→粉碎、过筛→包装→成品
↑
红枣→去核→烘烤→粉碎、过筛

（三）操作要点

(1) 花生粕预处理　将花生粕在 120℃的温度下烘烤 25min，然后粉碎、过筛。

(2) 红枣预处理　选用充分成熟、色泽鲜美、饱满完整、无腐烂变质的红枣，去掉枣核，在 80～85℃条件下烘烤 5h，然后粉碎、过筛。

(3) 黑豆预处理　挑选饱满完整、无霉变、大小均匀的黑豆，用微波炉 60％火力烘烤 5.5min，直至发出黑豆特有的豆香味，然后粉碎、过筛。

(4) 营养糊调配、粉碎、过筛　按配方要求的比例，将粉碎过筛后的花生粕、黑豆、红枣、黑芝麻、全脂奶粉、白砂糖进行调配，混合均匀；然后再把混合后的配料进行二次粉碎，过 80 目筛，以保证物料均匀细致，产品口感细腻。

(5) 包装　选择阻隔性好的 PE 复合包装材料或金属罐进行包装，以避免产品吸潮和油脂氧化，即可得成品。

十六、葛粉、茯苓即食保健糊

（一）生产工艺流程

葛粉＋粉碎的茯苓片→搅拌混合→水分调节→挤压膨化→干燥→粉碎→过筛→膨化粉→加糖粉搅拌混合→定量包装→成品

（二）操作要点

（1）搅拌混合　葛粉和茯苓片的粉碎物在进行膨化之前，应在混合搅拌机内充分混合，使膨化操作易于进行，且膨化后的物料糊化度理想。

（2）水分调节　挤压膨化操作时，物料的含水量以15%左右为宜。葛粉原料的含水量一般为20%左右，而茯苓片的含水量一般为9%左右。因此，在膨化操作之前，要对混合原料进行水分含量测定，然后将混合物料的含水量调节至15%左右。

（3）挤压膨化　膨化机进料之前，应进行预热，使机内温度上升至150～160℃。进料后，物料在机腔内受挤压、摩擦等作用，温度可达170～180℃。在膨化过程中，应对膨化机内的温度进行控制，并维持恒定的进料速度，既不能造成进料量过大，产生物料膨化不足，也不能使进料量过小，物料受热过度，产生焦化，甚至堵塞机器，影响膨化操作的顺利进行。

（4）干燥　挤压膨化后的物料，应迅速于烘干机内进行干燥，使膨化料水分快速蒸发，防止其中的淀粉在冷却时产生回生，影响产品的复水性。采用热风烘干机，温度为65～70℃，干物料水分含量≤5%。

（5）粉碎、过筛　利用粉碎机将干燥后的物料粉碎，并经80目筛网进行筛分，取筛下物，筛上物重新粉碎。同时，糖粉也应通过80目筛网。

（6）搅拌混合　将膨化粉与糖粉在混合拌料机内搅拌混合，使各部分成分均匀一致。

（7）包装　将上述混合均匀的物料进行定量包装后即为成品。

（三）成品质量标准

（1）感官指标　乳黄色或淡黄色，均匀一致；香醇可口，具有植物葛及茯苓特有的芳香，无其他异味；干品为粉末状，无团块；

冲调后细腻均匀，无沉淀及分层现象。

（2）理化指标　水分含量≤5%，溶解度≥98%，铅（以 Pb 计）≤1.0mg/kg，砷（以 As 计）≤0.5mg/kg，铜（以 Cu 计）≤10mg/kg。

（3）微生物指标　细菌总数＜30000 个/g，大肠菌群＜30 个/100g，致病菌不得检出。

十七、茯苓碗仔糊

（一）原料配方

小麦粉 40g、糯米粉 30g、玉米粉 20g、山芋粉 20g、胡萝卜粉 10g、奶粉 15g、茯苓粉 4g、白砂糖 8g、复合鲜味剂 1g、植物油 10g、动物油 10g、葱片 2g、精盐 2g、胡椒粉 1g、浓鸡汁 3mL。

（二）生产工艺流程

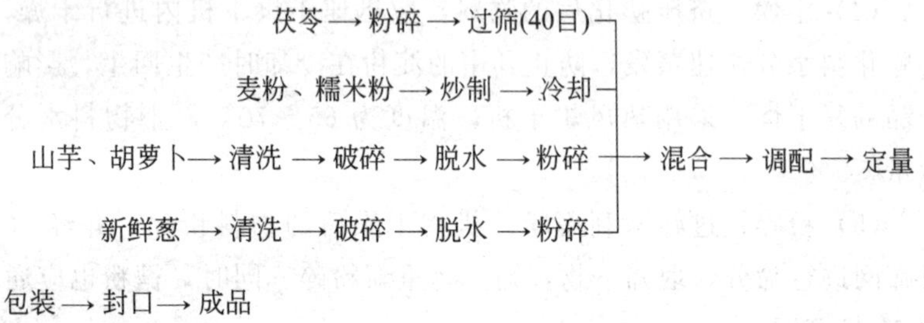

茯苓 → 粉碎 → 过筛(40目)
麦粉、糯米粉 → 炒制 → 冷却
山芋、胡萝卜 → 清洗 → 破碎 → 脱水 → 粉碎
新鲜葱 → 清洗 → 破碎 → 脱水 → 粉碎
（以上汇合）→ 混合 → 调配 → 定量 → 包装 → 封口 → 成品

（三）操作要点

1. 原料选择及处理

（1）茯苓　由药店购得干制片状，粉碎过 40 目筛备用。

（2）山芋　由市场上购得新鲜、外形较好、无腐烂霉变的山芋，经清洗、去皮，切成 0.5mm 左右的薄片，利用日光晒干，用粉碎机制成粉末，过 40 目筛备用。

（3）胡萝卜　选成熟度适中，还未木质化，表皮及根肉为鲜艳红色的品种，肉质新鲜肥大，纤维少，无病虫害。清洗除杂，切顶去根须，除斑后洗净，沥干水分。切片后投入搅碎机搅切碎成胡萝卜泥。为减少营养成分损失，采用93.3～100kPa、50～65℃低温真空烘干脱水，要求保留其特有的色、香、味基本不变，最后水分在5%左右。冷却至常温进行粉碎，过40目筛备用。

（4）麦粉、糯米粉　市售小包装成品。先过40目筛除杂后炒至淡黄、味香，但不焦黄、不结块成团，颗粒松散、均匀一致。

（5）葱　市场购得新鲜肥嫩的大葱，摘除黄枯叶、外皮及根须，清洗，用刀细细切成大约0.25cm见方的小片，在86.7～93.3kPa、50℃条件下低温真空干燥脱水，最后要求水分保留在3%左右，即成干制葱片。

（6）白砂糖、精盐　选用符合国标的产品，经粉碎过80目筛备用。

（7）复合鲜味剂　95%的谷氨酸钠，2.5%的肌苷酸、2.5%的鸟苷酸。复合鲜味剂经粉碎过80目筛备用。

（8）玉米粉、奶粉　市售袋装，要求新鲜、味浓，有制品特有的香味，无不良气味。

2. 混合、调配

先将茯苓粉与熟的麦粉、糯米粉、山芋粉、胡萝卜粉混合均匀一致后，加入玉米粉、奶粉，再加入葱、糖、盐等调味料。要求混合均匀一致。

3. 定量包装

用小纸袋定量包装后放在碗中，内置一塑料小勺，以备搅拌用。然后封口即成碗仔糊。

（四）成品质量标准

（1）感官标准　浅黄色泽；浓香味，无其他异味；为40～60

目粉末状；成品为干燥粉末，无硬团或块，无肉眼可见的杂质或异物；冲调时吸透水分，完全搅拌均匀，可稠可稀。

（2）理化指标　水分≤3%，铅（以 Pb 计）≤0.5mg/kg，砷（以 As 计）≤0.5mg/kg。

（3）微生物指标　细菌总数<750 个/g，大肠菌群<30 个/100g，致病菌不得检出。

十八、黑芝麻赤豆糊

（一）原料配方

黑芝麻 20%、米胚 5%、赤豆 23%、粳米粉 21%、砂糖 28%、蔬菜粉 3%，另添加柠檬酸及抗氧化剂少许。

（二）生产工艺流程

原料处理→混合→干燥→计量包装→成品

（三）操作要点

1. 原料处理

（1）黑芝麻　筛选去大杂，用水淘洗泥沙，捞出沥干，放在锅内炒熟，火不要太旺，以芝麻不焦而有香气为宜，然后把炒熟的芝麻粉碎即成。

（2）赤豆　挑拣除去霉烂坏的豆，用水淘洗去泥杂，然后用水浸泡，直至豆软化。把浸泡水沥去，豆放在锅内煮，加水量为豆的 3.2～3.5 倍。用大火烧开 2 次，然后用文火熬，为了防止煳锅，应不停地搅拌。为了打豆粒成沙，搅拌叶片应改为数条的细棒状。豆粒要熬成稠糨糊状。

（3）粳米粉及米胚粉　粳米及米胚通过膨化设备膨化，然后磨碎成细粉，通过 80 目筛。这时含水分 3%～5%。

（4）砂糖粉　用粉碎机将砂糖粉碎，通过 80 目筛。

2. 混合、干燥

将粳米粉、米胚粉、砂糖粉、磨细芝麻和赤豆沙搅拌混合在一起，使整体不结块，然后通过振动或流化床干燥设备，均匀地干燥至含水量5%左右，以利长期保存不易变质。

3. 计量包装

干燥后的物料，通过混合器混合，并按配方比例加入蔬菜粉等，使各种物料混合均匀，以复合袋定量包装，即可成为冲调的营养糊食品。

十九、枣泥花生糊

（一）原料配方

红枣20%、花生27%、米胚5%、粳米粉22%、砂糖23%、蔬菜粉3%，另添加柠檬酸及抗氧化剂少许。

（二）生产工艺流程

原料处理→混合→干燥→计量包装→成品

（三）操作要点

1. 原料处理

（1）红枣　首先挑拣去霉烂、变质的果实，然后用水清洗，去除泥沙杂质。把干净的红枣用水浸软，捞出沥干，再放在锅内加水煮烂，将煮烂的枣子放在铜丝网上反复搓，除去核和枣皮，即成枣泥。

（2）花生　除去霉烂花生及杂物，放在砂锅里炒或放在烘箱里烤熟，不使产生煳焦味。将熟花生去掉红衣，再进行粉碎，通过20目筛备用。

（3）粳米粉、米胚粉、砂糖粉　处理方法同“黑芝麻赤豆糊”。

2. 混合、干燥

将粳米粉、米胚粉、砂糖粉、粉碎花生与枣泥混合搅拌，不使产生结块，然后均匀地通过振动式流化床干燥设备干燥，水分控制在5%左右，以利长期保存而不变质。

3. 计量包装

干燥后的物料，通过混合器混合，并按配方比例加入蔬菜粉等，使各种物料混合均匀，以复合袋定量包装，即可成为冲调的营养糊食品。

二十、核桃仁绿豆糊

（一）原料配方

核桃仁18%、绿豆24%、米胚5%、粳米粉22%、砂糖28%、蔬菜粉3%，另添加柠檬酸及抗氧化剂少许。

（二）生产工艺流程

原料处理→混合→干燥→计量包装→成品

（三）操作要点

1. 原料处理

(1) 核桃仁　拣去霉烂变质仁及杂物，用烘箱烤熟，不能产生焦味，将熟的核桃仁去皮后用粉碎机粉碎，通过20目筛备用。

(2) 绿豆沙制作　和“黑芝麻赤豆糊”中赤豆沙的制作方法相同。

(3) 粳米粉、米胚粉、砂糖粉处理　同“黑芝麻赤豆糊”的介绍。

2. 混合、干燥

将粳米粉、米胚粉、砂糖粉、粉碎核桃粉和绿豆沙搅拌混合在一起，使整体不结块，然后通过振动或流化床干燥设备，均匀地干燥至含水量5%左右，以利长期保存不易变质。

3. 计量包装

干燥后的物料，通过混合器混合，并按配方比例加入蔬菜粉等，使各种物料混合均匀，以复合袋定量包装，即可成为冲调的营养糊食品。

参 考 文 献

[1] 薛效贤，薛芹编著．中华汤羹粥文化与制作．北京：化学工业出版社，2009.

[2] 杜连启编．谷物杂粮食品加工技术．北京：化学工业出版社，2004.

[3] 杜连启，高胜普主编．薯类食品加工技术．北京：化学工业出版社，2010.

[4] 杜连启，梁建兰主编．杂豆食品加工技术．北京：化学工业出版社，2010.

[5] 杜连启，张文秋主编．玉米食品加工技术．北京：化学工业出版社，2013.

[6] 杜连启，杨艳主编．海藻食品加工技术．北京：化学工业出版社，2013.

[7] 杜连启主编．瓜类食品加工技术．北京：化学工业出版社，2014.

[8] 汪磊编著．粮食制品加工工艺与配方．北京：化学工业出版社，2015.

[9] 叶敏主编．米面制品加工技术．北京：化学工业出版社，2006.

[10] 傅晓如主编．米制品加工工艺与配方．北京：化学工业出版社，2008.

[11] 曲丽洁主编．米制品生产一本通．北京：化学工业出版社，2013.

[12] 梁琪编著．豆制品加工工艺与配方．北京：化学工业出版社，2007.

[13] 黄金贵．“羹”、“汤”辨考．湖州师范学院学报，2005 (6)：1-7.

[14] 朱红玉．“羹”的历时语义流变考．西北工业大学学报（社会科学版），2011 (2)：85-88.

[15] 林一雄，黄奋良．杯装玉米糊的制作．广西轻工业，1998 (4)：37-38.

[16] 李树立，李娜，张光一．虫草薏米糊的工艺研究．食品工业科技，2007 (5)：183-185.

[17] 华景清，戈耿霞．营养赤豆即食糊的研制．农产品加工（学刊），2010 (5)：79-81.

[18] 黄华，王毅，刘学文．小米方便粥生产工艺研究．粮食加工，2011 (6)：64-66.

[19] 李占林，郑洪元，卫天业．小米方便粥加工工艺研究．粮油加工，2004 (11)：62-63.

[20] 谢仁珍，张荟，刘功德．杯装黄小米粥加工工艺的研制．广西轻工业，2011 (9)：30-31.

[21] 朱晓红，张惠玲．发酵型八宝粥的研制．食品工业科技，2001 (6)：69-70.

[22] 鞠国泉，彭辉，吕惠丽．早餐工程——南瓜小米营养粥的研制．食品工业，2006 (5)：3-5.

[23] 浮吟梅，崔惠玲，石晓．方便营养肉粥的研制．粮油加工，2004 (8)：63-64.

[24] 冯耐红，卫天业，郑洪源．固体方便八宝粥的研制．食品工业科技，2006 (2)：118，120.

[25] 李海林，华涛，姚茂洪．即食芡实保健粥的研制．食品研究与开发，2010（7）：108-111.

[26] 董文明，袁唯，杨振生．八宝粥罐头加工工艺的研究．农牧产品开发，1999（10）：6.

[27] 贾淑珍，郝冉，贾利辉．健脾养胃方便药粥的工艺研究．农产品加工，2012（4）：76-77.

[28] 郝武．莲藕粥罐头的生产工艺研究．食品科技，2008（9）：99-102.

[29] 汝医．麦麸方便粥的研制．农产品加工，2008（5）：79-80.

[30] 刘章武．米糠方便粥片的工艺研究．粮食与饲料工业，2001（9）：42-43.

[31] 黄忠民，孙富珍．魔芋保健方便粥．粮油食品科技，1992（5）：15-17.

[32] 范铮，孙培龙，赵培城．荞麦苡仁绿豆营养保健粥的研制．农产品加工（学刊），2005（2）：37-39.

[33] 陈根洪，代红．山药营养八宝粥的研制．安徽农业科学，2005（9）：1680-1681.

[34] 卢长润，闫亚梅．软包装八宝粥的制作技术．食品科技 1995（3）：13.

[35] 林丽琳，安凤平，宋洪波．软包装即食米粥的研制．农产品加工（学刊），2008（1）：47-50.

[36] 时忠烈．速食八宝粥的研制．食品科学，1997（12）：63-65.

[37] 张久春．速食栗子粥加工技术．食品工业科技，1994（4）：48-49.

[38] 王海棠，刘恩玲，李燕．鲜食甜玉米果蔬粥的加工配方研制．食品科技，2011（6）：112-115.

[39] 江美都，张树景．咸味八宝粥的研制．食品科学，1995（10）：71-72.

[40] 曾凡坤．雪山营养八宝粥研制．食品工业科技，1999（6）：39-41.

[41] 刘智梅，吴荣书，冀智勇．营养保健型复合清凉花粥的研制．食品研究与开发，2006（5）：102-103，106.

[42] 孔令会，袁霖．营养方便粥的研制．食品科技，2003（6）：14，19.

[43] 王明清．营养降脂方便粥的研制．中国商办工业，2003（1）：50-51.

[44] 田晓云．营养南瓜粥的研制．中国食品添加剂，2002（1）：66-68.

[45] 吕惠丽，张金良，彭辉．早餐工程——方便米粥的研制．食品工业科技，2005（2）：124-126.

[46] 王阳，马银鹏，韩冰．元蘑营养粥的制备研究．农产品加工，2015（6）：19-22.

[47] 王娜，范会平，潘治利．速冻微波方便粥红枣山药粥的研制．浙江农业科学，2015（11）：1782-1785.

[48] 修茹燕，程祖锌，王龙平．富含花色苷的发芽黑米速食粥加工工艺优化．食品科技，2016（5）：174-179.

[49] 汪兴平，潘思轶，程超．葛仙米羹的加工工艺．食品科学，2003 (8)：57-59.

[50] 董文明，袁绍杰，邵金良．甜玉米粒粒羹的研制．云南农业大学学报，2006 (1)：130-133.

[51] 翟保俊，李培业，向录珍．纯天然嫩玉米羹及其生产工艺．适用技术市场，1998 (10)：24.

[52] 刘长文．宫廷粟米茶羹制作工艺．食品科学，1994 (4)：68-69.

[53] 王放，何健，张国治．高蛋白营养奶羹的研制．郑州粮食学院学报，1994 (4)：52-55.

[54] 张旭林，曹梦霞．速食绿豆羹的研制．食品科技，1999 (4)：21-23.

[55] 张伟，綦翠花．营养滋补羊羹的研制．中国商办工业，1999 (12)：35-36.

[56] 杨剑婷，郝利平，吴彩娥．核桃羊羹的研制．保鲜与加工，2002 (6)：27-28.

[57] 闫雪，曾辉，苑艳辉．加州杏仁酸枣羹的研制．食品研究与开发，2004 (6)：73-75.

[58] 赵希荣，王珏林．金橘羊羹的生产．食品工业，1998 (1)：43-44.

[59] 李加兴，陈双平，王小勇．猕猴桃无籽果羹加工工艺研究．食品科学，2007 (8)：223-226.

[60] 冉述勤．速食枸杞羹的加工工艺探索．中国农村小康科技，2005 (8)：44-45.

[61] 黄华，李会，张潇予．紫苏叶、罗汉果羊羹的研制．食品科技，2008 (11)：101-103.

[62] 马歌丽，汪世中，吕迎辉．营养强化板栗羹的研制．郑州粮食学院学报，1994 (3)：32-35.

[63] 吴洪军，冯磊，么宏伟．黑木耳蓝莓果果羹加工技术的研究．中国林副特产，2011 (6)：30-31.

[64] 陈艳秋，李玉梅，周丽萍．黑木耳甜羹加工工艺的研究．食用菌，2004 (2) 43-44.

[65] 谭红军，姚华峰．即食银耳羹的新工艺研究．食用菌，2011 (5) 59-60.

[66] 周文美．即食蕨根粉羹的研制．食品工业，2003 (6) 37-38.

[67] 陈峰，江瑞荣，曾霖霖．银耳黑木耳复合保健羹的研究．食品工业科技，2012 (14)：263-265.

[68] 林鹏程，胡树青，李智．蕨麻羹的研制．食品科学，1998 (7)：61-62.

[69] 韩志慧，隋姣，马俪珍．明目羊肝羹的工艺技术研究．山西农业科学，2013 (3)：254-258.

[70] 宋超银．杏低糖羊羹的研制．食品工业，1994 (4)：38-39.

[71] 童明金，刘忠民，朱洪明．玉乳羹生产工艺及配方．食品工业科技，1992 (1)：

17-18.

[72] 王卫东．红薯即食糊的制作．四川食品与发酵，1998（4）：45-46.

[73] 何胜生．红薯葛根复合糊的工艺优化研究．食品与生物技术学报，2016（4）：443-447.

[74] 梁敏．活性黄豆核桃仁婴幼儿即食糊的研制．食品工业，2004（5）：47-48.

[75] 王琴．白果糊的加工工艺．中国农村科技，2004（8）：41.

[76] 曾世祥．白果糊膨化方便食品的研制．广西轻工业，2008（6）：13，15.

[77] 何胜生．加工专用型甘薯品种的筛选及红薯营养羹的研制．福建农林大学硕士论文，2010.

[78] 周盼静，孙丰梅，兰凤英．速食小米糊的研制．农业与技术，2015（21）：24-25.

[79] 黄泽元，王海滨．猪血微胶囊技术及红豆血粉营养糊研究．适用技术市场，2000（4）：30-31.

[80] 郑晓杰，陈显群．即食白银豆复合糊工艺研究．粮油食品科技，2006（6）：30，35.

[81] 陈澍，侯梦斌．泥糊食品的加工技术与装备．2000全国农产品加工技术与装备研讨会论文集，2000.

[82] 谭峰．新型方便营养食品糊的研制．农牧产品开发，1996（5）：19-20.

[83] 周翠英．黑芝麻糊的加工技术及质量控制．西部粮油科技，2004（4）：34-36.

[84] 张丽霞，黄纪念，宋国辉．营养黑芝麻糊生产工艺的研究．农产品加工，2012（1）：30-34.

[85] 张干伟，桂君利，徐艳霞．花生粕复合营养糊的研制．食品科技，2010（9）：130-133.

[86] 陆宁，宛晓春，林毅．葛粉-茯苓即食保健糊的加工．食品工业科技，1998（3）：69.

[87] 郭胜伟．茯苓碗仔糊快餐的研制．食品科学，1996（5）：69-70.

[88] 杜连启，乔亚科，吕晓琳．可冲调紫甘薯粉的研制．食品研究与开发，2011（9）：96-99.

[89] 信维平，马勇．葛粉即食糊的研制．食品工业，2004（5）：41.

[90] 戴阳军，高凌云，庄俊茹．速冻微波调理食品——牛乳鱼粥的研制．食品研究与开发，2011（12）：161-164.

[91] 孙玉清，段丽丽，汪长钢．甘薯即食方便糊的研制．中国食物与营养，2013（4）：51-55.